高等职业教育园林园艺类专业系列教材

# 组合盆栽


主　编　罗凤芹　宋　阳

副主编　张鸣明　吴　兵　张世英

参　编　王日新　孙连印　孙立鹏　杜海龙

主　审　廉　兵　赵　发

机 械 工 业 出 版 社

本书共分三个模块：基础篇、应用篇、鉴赏篇。其中，基础篇共设九个任务，主要介绍了设计、制作组合盆栽的基础知识和基本技能；应用篇共设十个任务，将组合盆栽设计和制作的各个知识点、技能点融合其中；鉴赏篇包括商业组合盆栽作品鉴赏和组合盆栽比赛获奖作品鉴赏两个任务。通过这三个模块的学习，读者能轻松学会组合盆栽的设计与制作技巧，上手设计、制作自己的迷你花园。

本书以任务为导向，在具体的应用篇中，每个任务从“任务目标”“任务描述”“任务分析”入手，详细分析任务；在每个任务的“任务实施”中，通过“作品名称”“植物材料”“使用容器”“设计说明”“制作步骤”等环节，展示每个组合盆栽作品的创作过程，读者可进行模仿和创新；在“任务实施”之后安排了“知识链接”，便于读者理解和掌握与任务相关的知识；通过“任务小结”帮助读者梳理任务的主要内容；通过“佳作欣赏”拓展读者思路；最后用“任务练习”来开动读者脑筋，让读者对任务有更深入的了解。

本书可作为高等职业院校园林、园艺、花卉与花艺专业的教学用书，也可作为广大园艺爱好者的参考用书。

**图书在版编目（CIP）数据**

组合盆栽 / 罗凤芹，宋阳主编. —北京：机械工业出版社，2021.11（2025.1重印）

高等职业教育园林园艺类专业系列教材

ISBN 978-7-111-70084-5

Ⅰ. ①组… Ⅱ. ①罗…②宋… Ⅲ. ①盆栽－观赏园艺－高等职业教育－教材 Ⅳ. ①S68

中国版本图书馆CIP数据核字（2022）第008699号

机械工业出版社（北京市百万庄大街22号　邮政编码100037）
策划编辑：王靖辉　　责任编辑：王靖辉　陈将浪
责任校对：李　婷　张　力　封面设计：马精明
责任印制：单爱军
北京虎彩文化传播有限公司印刷
2025年1月第1版第3次印刷
184mm×260mm · 6印张 · 144千字
标准书号：ISBN 978-7-111-70084-5
定价：35.00元

| 电话服务 | 网络服务 |
| --- | --- |
| 客服电话：010-88361066 | 机 工 官 网：www.cmpbook.com |
| 010-88379833 | 机 工 官 博：weibo.com/cmp1952 |
| 010-68326294 | 金 书 网：www.golden-book.com |
| **封底无防伪标均为盗版** | 机工教育服务网：www.cmpedu.com |

随着人们欣赏水平的提高，普通盆栽已经很难满足人们多元化的审美需求，组合盆栽这一新颖时尚的花卉应用形式应运而生，深受大众欢迎。

“组合盆栽”是职业院校园林、花卉、园艺等专业的专业课程，是从事花卉行业必修的一门课程。同时，制作组合盆栽也是一种园艺 DIY 活动，为人们的生活增添情趣。组合盆栽在我国呈现出快速发展的态势，车站候车室、机场候机室、商业街等的共享空间中出现了越来越多的由组合盆栽配置的景观，显著提升了空间的装饰效果。

本书主要特色如下：

1. 科学合理。本书分为基础篇、应用篇和鉴赏篇三大模块，按照认知规律循序渐进地展开知识内容，符合职业教育学生的学习特点和职业教育理念。本书遵循教、学、做一体，按照项目任务式体例，以实际工作案例为线索展开，侧重对学生动手操作能力的培养。同时，结合企业和行业内的典型案例，结合技能大赛成果进行校企合作开发，优化了学生的知识结构，有利于培养学生的自主学习能力和创新能力，有助于学生创作出更多的原创性作品。

2. 案例覆盖面广。本书应用篇所讲内容涵盖了目前市场上的绝大部分组合盆栽类型，既有传统典型的，也有创新的，为读者拓宽了设计思路。另外，本书编写人员均为“双师型”教师，教学经验十分丰富且实践能力很强，为本书的编写提供了大量的前沿信息。

3. 注重素质养成和思政教育。本着“树匠心、铸匠艺、育匠才”的理念，书中内容除了包含组合盆栽设计与制作相关技能外，还融入了知识性、人文性内容；注重学思结合、知行统一，培养学生“勇于探索，敢于创新”的科学精神，以及善于解决问题的实践能力，引导学生在亲身参与中强化创新精神和创业能力。全书注重教育和引导学生弘扬劳动精神，在实践中增长智慧和才干，在艰苦奋斗中锤炼意志品质；注重职业素质教育和课程思政教育，将职业素养和课程思政融入课程内容中，潜移默化、润物无声。

4. 资源丰富。本书配套资源丰富，配有微课（微视频）、优秀作品集、行业标准、图片库、试题库、课件等。其中，微课主要以录像、视频及动画为主，任务完整、时间短，所表现的组合盆栽作品的创作手法和技巧展示得更为直观透彻。

5. 校企合作。本书编者孙连印先生任沈阳曦月花艺公司总经理兼艺术总监，花艺设计理念新颖，设计技巧精湛，花艺专业理论素质过硬。校企合作开发，使得本书既有理论支撑，又有市场针对性及实践价值，因此本书可作为花艺行业从业人员的上岗培训教材。

本书由辽宁生态工程职业学院罗凤芹、宋阳担任主编；由辽宁生态工程职业学院张鸣明、吴兵，辽宁职业学院张世英担任副主编；辽宁职业学院王日新，沈阳曦月花艺公司孙连印，大连花卉苗木绿化工程有限公司孙立鹏、杜海龙参与编写。本书由廉兵、赵发担任主审。

由于作者水平有限，书中难免存在不足和疏漏之处，敬请各位读者批评指正。

编　者

# 二维码资源列表

| 序号 | 名称 | 图形 | 页码 | 序号 | 名称 | 图形 | 页码 |
| --- | --- | --- | --- | --- | --- | --- | --- |
| 1 | 某礼品型组合盆栽的制作 |  | 39 | 6 | 多肉植物组合盆栽的制作（逍遥行） |  | 56 |
| 2 | 盆景式组合盆栽的制作（自然成趣） |  | 40 | 7 | 枯木类组合盆栽的制作（谧境） |  | 62 |
| 3 | 盆景式组合盆栽的制作（畅饮山间） |  | 41 | 8 | 环保主题组合盆栽的制作（创意鸡蛋壳盆栽） |  | 65 |
| 4 | 某盆景式组合盆栽的制作 |  | 45 | 9 | 大型室内装饰型组合盆栽的制作（幽静） |  | 70 |
| 5 | 某架构式组合盆栽的制作 |  | 50 |  |  |  |  |

# 目录 CONTENTS

# 模块一
# 基 础 篇

随着人们生活水平的提高，单盆栽植的花卉已很难满足消费者的需求，更具灵活性和艺术性的组合盆栽应运而生，且普及程度逐年提升。2018 年 9 月，由中国花卉协会盆栽植物分会主办的首届“中国杯”组合盆栽大赛的成功举办，既在消费者中普及了组合盆栽的相关知识，又极大地带动了组合盆栽行业的发展。

组合盆栽采用艺术的设计手法，表现出植物特有的色彩、质感、层次变化及线条美感，是一种新兴的园艺产品，作品如一幅鲜活的画面呈现在盆钵之中，既有美感又富有生机。它不仅要发挥出每种植物特有的观赏特性，更要达到各种植物之间相互协调、作品构图新颖出众的造景装饰效果，表现出整个作品的群体美、艺术美和意境美；而且，还可增加观赏花卉的趣味性，是充满创意与乐趣的园艺活动，显著提升了单一盆花的商品附加值。

# 任务一　初识组合盆栽

## 任务目标

掌握组合盆栽的定义、特点及应用。

组合盆栽从呈现出的观赏效果来看，就像是一个摆在室内的漂亮的、袖珍的迷你花园，所以其又称为“室内迷你花园”，另外它还有“活的花艺、动的雕塑”的美誉。组合盆栽广泛应用在室内外环境装饰中，也常将其作为馈赠的礼品，广泛应用于各种社交场合中。

随着组合盆栽的不断发展与完善，现如今，人们常将花艺设计、园林设计的理念和制作手法运用到组合盆栽的设计中，使作品更具艺术观赏价值，可以说是对传统模式下盆栽花卉的一次技术革新，注入了新鲜元素的组合盆栽具有极大的发展潜力。

**1. 组合盆栽的定义**

组合盆栽是指组合起来混合配植在一起的盆栽植物，它从艺术的角度选择盆花的色彩、外形，用艺术的手法将它们搭配造型、组合栽植，并配饰少量的架构、摆件等装饰物，使其成为“活”的花艺作品。与插花花艺作品相比，组合盆栽观赏性更强、观赏期更长。

**2. 组合盆栽的特点**

组合盆栽是一件“活”的花艺作品，它具有插花花艺作品的装饰效果，但比插花花艺作品的观赏时间更长久。

组合盆栽展现了植物生长的过程，可以使人们感受到植物萌芽、长叶、开花、结果的生命律动，欣赏到植物生长的过程，这是组合盆栽区别于插花花艺的魅力所在。另外，植物还具有吸附有害气体、净化空气、制造氧气的作用。

组合盆栽是一项充满了园艺栽培乐趣的活动，创作者将同种或数种的一株以上的盆栽植物，采取搭配、衬托、互显、韵律变化、对比、均衡等技术手法，巧妙地发挥植物的配植技术，集中种植在同一容器中，把植物旺盛的生命力通过艺术设计变成美妙的景观展现出来，创作出的组合盆栽作品可以营造出丰富的内涵，抒发作者的情怀。

组合盆栽也是一门艺术，就像插花花艺作品那样，创作者巧妙运用植物特有的色彩、线条、韵律，经过艺术化的构思、加工成型，展现植物形态、色泽的美感。组合盆栽以线条层次的变化以及和谐、自由、蓬勃的生机活力，将大自然中的美景浓缩于盆钵之中，装饰着人们的生活空间。

**3. 组合盆栽的应用**

组合盆栽不仅可以用于居家装饰（图 1-1、图 1-2），办公室绿化，会场布置，商场、宾馆、机场（图 1-3）等共享空间的装饰，还广泛应用于社交礼仪活动中，成为一种新的休闲活动形式。组合盆栽作为一种新兴的花卉应用形式，符合人们的审美需求，满足人们个性化消费需求的特性，具有广阔的发展空间及前景，有助于推动花卉行业及花卉文化的迅速发展。现在，组合盆栽已由艺术品转化为商品（图 1-4），主要用于馈赠、开业、庆典、节日送礼等需求，在花卉消费市场中占据重要的销售份额。

组合盆栽也可用于室外空间，在绿地及公园中作为新颖的植物装饰形式存在（图 1-5）。在庭院装饰中，组合盆栽主要以大型组合盆栽的形式布置，特别是位于北方地区的庭院，由于受气候条件的限制，许多植物品种不能一次性种植，但又有烘托环境的需要，必须栽植一些特殊的花卉（热带植物），此时组合盆栽就是很好的解决办法之一。组合盆栽以其特有的灵活性及兼容性，可任意变换植物种类，为庭院装饰提供了很大的空间，为位于北方地区的庭院营造出具有南国风情的别样风光（图 1-6）。组合盆栽多布置在庭院的入口处，也可采用吊篮（图 1-7）、壁挂等立体装饰形式，用于增添空间的立体装饰效果。

图 1-1　造景式组合盆栽

图 1-2　小型室内装饰型组合盆栽

图 1-3　大型室内装饰型组合盆栽（某机场候机大厅）

图 1-4　礼品型组合盆栽

图 1-5　室外容器组合式组合盆栽

图 1-6　庭院式组合盆栽（热带植物）

图 1-7　庭院吊篮式组合盆栽

### 任务小结

通过学习，同学们掌握了组合盆栽的特点，了解了组合盆栽的应用，请同学们自己设计和制作一款组合盆栽。

### 思考题

1. 什么是组合盆栽？它有何特点？
2. 简述组合盆栽有哪些方面的应用。
3. 怎样学好本门课程？

## 任务二　组合盆栽植物的选择与运用

### 任务目标

1. 掌握组合盆栽植物选材的要求。
2. 学会组合盆栽植物的分类。
3. 掌握组合盆栽植物的配色技巧，以及常见组合盆栽植物的花语，弘扬中国传统花文化。
4. 掌握组合盆栽常用植物的养护要点。

一件组合盆栽作品一般由植物、容器、介质、装饰物等部分构成，其中最重要的创作元素是植物，设计时要通过植物特有的株形、色彩、质感及线条美感，制作出令人赏心悦目的精美作品。

**1. 组合盆栽植物选材的要求**

一个容器一般可组合种植 3~5 种植物，在选择植物进行组合时应注意以下几方面：

（1）组合植物的性状要相似

种植在同一容器中的植物材料应尽量为生态习性一致的种类（图 1-8），它们对温度、湿度、光照、水分和土壤酸碱度等生态因子的要求应相似，这样便于养护管理，容易达到理想的组合效果。例如喜光、耐旱的植物有仙人掌类、景天科、龙舌兰科等；喜荫、耐湿的植物有蕨类、天南星科、竹芋科等；喜光、喜湿的植物有凤梨科、天竺葵、彩叶草等。

（2）选择植物要富有变化

选择的植物在株形、体量、高度、叶形、叶色等方面应有所不同，这样才能表现出高低错落、层次变化的效果（图 1-9）。

（3）色彩搭配要匹配

进行色彩搭配时，一般先以中型的直立植物来确定作品的色调，再用其他小型植物材料作为陪衬。植物的花形、花色要与叶形、叶色匹配，使组合后的植物群体在色彩、形态、姿态、韵律等方面形成美感。

（4）植物选择要与摆放环境、用途相符

进行植物选材时，要考虑作品的摆放环境、当时的季节以及作品的用途，使作品能够与摆设环境、用途相符。如组合盆栽用于室内装饰时，选择的植物材料要求有一定的耐阴性（图 1-10）。容器的质地、大小、颜色、形状等因素会影响组合盆栽的风格，选择容器时要注意与组景植物相符。

图 1-8　配植的植物习性应相近

图 1-9　多肉植物在株形及叶色上有所变化

图 1-10　作品与摆放环境相协调

**2. 组合盆栽植物的分类**

（1）按植物在造型中的作用进行分类

为了使组合盆栽取得最佳的观赏效果，了解植物的形态特点是非常必要的，不同株形的植物在组合盆栽构图中所起到的作用是不同的，可据此按植物在造型中的作用进行如下分类：

1）直立型。直立型植物具有挺拔的主干或修长的叶柄、花茎，在作品中一般作为骨架花材，多放在作品的主轴位置，以表现亭亭玉立的形态效果。如富贵竹、毛竹、蝴蝶兰、虎尾兰等。

2）焦点型。焦点型植物具有艳丽的花朵或叶色，花朵十分美丽，在作品中可作为焦点植物。如观赏凤梨类、仙客来、花烛等。

3）悬垂型。悬垂型植物具有蔓茎或线状垂叶，可向外悬垂，适合摆放在容器的边缘，可增强作品的灵动感、表现作品的活力并起到视觉延伸的效果。如千叶兰、常春藤、花叶蔓长春等。

4）填充型。填充型植物具有细密的茎叶，株形蓬松、丰满，可填补空间、掩饰其他植物的缺漏部位。如蓬莱松、椒草类、白网纹草、狼尾蕨、珍珠蕨等。

（2）按植物的观赏部位进行分类

植物是组合盆栽的主角，根据植物的观赏部位，总体上可将植物划分为室内观花植物、室内观叶植物以及多肉植物三大部分。

1）室内观花植物以其多姿的花形、艳丽的色彩而引人注目，成为组合盆栽中的亮点。常用的室内观花植物有蝴蝶兰、凤梨、长寿花、丽格秋海棠、报春花、花烛、天竺葵、仙客来等。

2）室内观叶植物是主要的室内装饰用植物，其种类繁多，叶色、叶形富于变化，适合在室内较长时间养护，可以全年保持旺盛的生命力，因此深得人们的喜爱。室内观叶植物的株形可以分为直立形、丛生形、蔓生形、莲座形等。

3）多肉植物是一个非常庞大的家族，种类繁多、形态各异，具有较高的观赏价值。用其制作的组合盆栽作品，造型变化多样，容器的选择面较宽，玻璃杯、玻璃瓶也可作为容器，再配以彩色砂石，具有很好的观赏效果。

**3. 组合盆栽植物的配色技巧**

在组合盆栽的制作过程中，色彩搭配是非常重要的一环，是作品给观赏者的第一印象，因此必须要掌握组合盆栽植物的配色技巧。常用的组合盆栽植物配色技巧有以下几种：

（1）只用一种颜色的配色

花材只用一种颜色时，为避免单调，可利用颜色的深浅、浓淡来组合；也可按一定方向或顺序形成明暗变化的优美韵律和层次，产生和谐共通的色彩，可参考图 1-11 所示的十二色环。

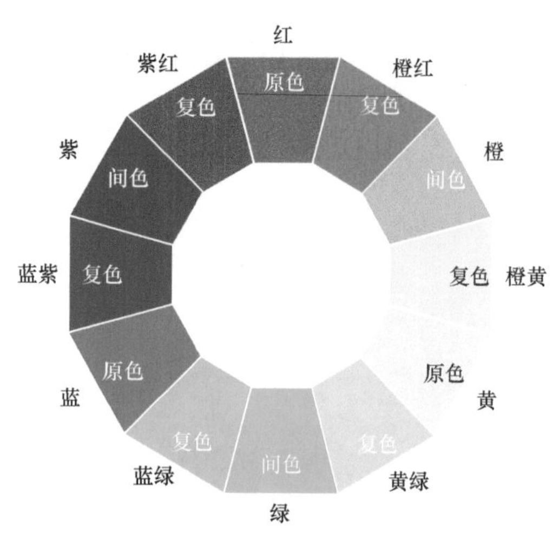

图 1-11　十二色环

（2）相似色的配色

相似色可利用图 1-11 所示的色环上相差 2~3 格的临近颜色来配色，配色时要确定主色调和从属色调，避免平分秋色，没有主次之分。

（3）对比色的配色

对比色能显示不同植物各自的特点，使作品的色彩更加鲜艳夺目，给观赏者以强烈、新鲜的印象。

（4）三等距配色

将一个等边三角形随意地放在图 1-11 所示的色环上，三角形的三个顶点所指的颜色可作为三等距配色（图 1-12）。采用这种配色技巧的作品给人姹紫嫣红、五彩缤纷的第一印象，特别适用于喜庆热闹的场合。

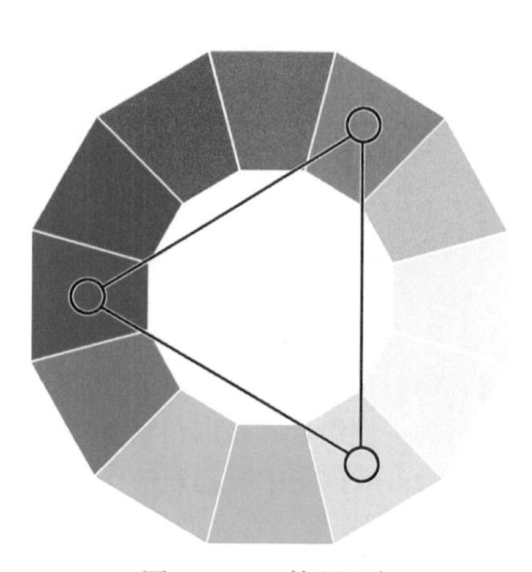
图 1-12　三等距配色

**4. 组合盆栽植物的花语**

在花文化的发展过程中，逐渐形成了一种为大众公认的特殊语言——花语，人们借花寓意、言志、传递感情。不同的植物有着不同的花语，表 1-1 列出了常见组合盆栽植物的花语。

表 1-1　常见组合盆栽植物的花语

| 植物名称 | 花语 | 植物名称 | 花语 |
|---|---|---|---|
| 中国水仙 | 冰清玉洁、自尊 | 一品红 | 祝福你 |
| 巴西木 | 生命力旺盛 | 春羽 | 清净 |
| 盆栽桃花 | 走好运 | 黛粉叶 | 严谨慎行、不慕名利 |
| 牡丹 | 富贵、繁荣 | 凤梨 | 财运高涨 |
| 棕竹 | 坚韧、富有活力 | 富贵竹 | 繁荣富强、富贵兴旺 |
| 花烛 | 似火柔情 | 大花蕙兰 | 丰盛祥和、高贵雍容 |
| 猪笼草 | 财源广进 | 蝴蝶兰 | 高洁清雅 |
| 秋石斛兰 | 欢迎、慈爱、父爱 | 发财树（光瓜栗） | 财源广进、恭喜发财 |
| 仙人掌类 | 坚韧不拔、勇于进取 | 卡特兰 | 华贵、迷人 |
| 山茶 | 谦让、理想的爱 | 变叶木 | 多姿多彩 |
| 仙客来 | 客气、无忧无虑 | 人参榕 | 老当益壮 |
| 金桔 | 招财进宝、吉祥如意 | 跳舞兰 | 青春永驻 |
| 长寿花 | 福寿康宁 | 蟹爪兰 | 鸿运当头、锦上添花 |
| 四季橘 | 四季吉祥、如意 | 常春藤 | 万古长青 |
| 朱砂橘 | 幸运、昌盛、兴隆 | 富贵子 | 财源滚滚、黄金万两 |
| 代代果 | 代代平安 | 君子兰 | 宝贵、高贵 |
| 绯牡丹 | 好运吉祥 | 铁线蕨 | 温柔 |
| 金琥 | 尊贵、权力 | 文竹 | 友谊长存 |
| 金枝玉叶 | 幸运 | 彩虹竹芋 | 富贵 |
| 爱之蔓 | 心心相印 | 五代果（乳茄） | 代代平安、金银无缺 |
| 杜鹃 | 生意兴隆、爱的快乐 | 福禄桐 | 福禄临门 |

**5. 植物的相容性**

组合盆栽是将几种植物合栽在一个容器中，所以在配植植物时不能只注重构图的完美，而忽视植物之间的相容性，否则只会事倍功半，达不到理想效果。所以，在选择植物前一定要充分了解每种植物的习性，特别要注意以下几方面：

1）对光照的要求。

2）对水分的要求。包括对土壤水分和空气湿度的要求。

3）对基质的要求。要严格遵守植物习性相容的原则，只有这样才能使组合盆栽能够长期观赏，否则就如插花一样变成“瞬时”艺术了。

**6. 组合盆栽常用植物的养护要点**

组合盆栽常用植物的养护要点见表 1-2。

表 1-2　组合盆栽常用植物的养护要点

| 植物名称 | 植物图片 | 养护要点 |
| --- | --- | --- |
| 狼尾蕨 |   | 狼尾蕨是常用的小型植物，养护管理简单粗放，且易于繁殖。狼尾蕨喜半阴环境，喜明亮的散射光线，忌阳光直射。其适宜的生长温度为20~26℃，高于30℃或低于15℃皆生长不良；过冬时环境温度不能低于5℃ |
| 铁线蕨 |   | 铁线蕨喜疏松肥沃且透气性较好的石灰质砂壤土，要求空气湿度在75%以上。铁线蕨对温度较敏感，环境温度不能低于5℃，否则叶片会出现冻害。铁线蕨喜明亮的散射光，怕太阳直晒 |
| 肾蕨 |   | 肾蕨喜半阴环境，忌强光直射，对土壤要求不严，在疏松、肥沃、透气、富含腐殖质的中性或微酸性砂壤土中生长为佳。肾蕨不耐寒、较耐旱、耐瘠薄，浇水的原则是“见干见湿”。另外，要注意增加空气湿度，以利于生长 |
| 阿波银线蕨 |   | 阿波银线蕨喜半阴环境，怕强光直射，以散射光为佳，喜温暖。室内越冬，越冬温度为5℃以上。另外，要注意增加空气湿度，以利于生长 |

（续）

| 植物名称 | 植物图片 | 养护要点 |
| --- | --- | --- |
| 红车 |  | 红车属于热带树种，喜光，有一定的耐阴性，在散射光下生长更佳。红车喜湿润基质，较耐旱，要求土层深厚 |
| 石斛兰 |  | 石斛兰属于附生兰，多生于温凉、高湿的阴坡上。石斛兰的栽培环境要求半阴，有一定的空气湿度条件。石斛兰的栽培基质要求疏松、透气，可将泥炭苔藓和木炭混合后制成栽培基质。浇水的原则是“见干见湿” |
| 光瓜栗 |  | 光瓜栗又名发财树，是常见的小型盆栽植物，养护管理简单粗放。光瓜栗喜半阴环境，忌强光直射；较耐干旱，保持土壤微干即可。光瓜栗喜疏松、透气且排水良好的土壤 |
| 结香 |  | 结香是一种常绿灌木，喜温暖环境，有一定的耐寒能力。结香要求排水良好、疏松、肥沃的土壤，喜半阴环境，忌暴晒 |

（续）

| 植物名称 | 植物图片 | 养护要点 |
| --- | --- | --- |
| 九里香 |   | 九里香喜温暖环境，适宜生长温度为20~32℃，不耐寒。九里香是阳性树种，宜置于阳光充足、空气流通的地方 |
| 皱叶冷水花 |   | 皱叶冷水花喜半日照或明亮的散射光。适宜生长温度为25~28℃，越冬温度不得低于12℃。皱叶冷水花喜温暖湿润环境和排水良好的砂质壤土，不耐积水，喜空气湿度大的环境 |
| 清香木 |   | 清香木为阳性树，但稍耐阴，喜温暖环境，要求土层深厚。清香木萌发力强，生长缓慢，寿命长，但幼苗的抗寒能力不强，喜光照充足、不易积水的土壤 |
| 福禄桐 |   | 福禄桐喜高温环境，不耐寒；要求有明亮的光照，但也较耐阴，忌阳光暴晒；喜湿润环境，较耐干旱，忌水湿 |

（续）

| 植物名称 | 植物图片 | 养护要点 |
| --- | --- | --- |
| 人参榕 |  | 人参榕是通过嫁接培育而成的品种。喜温暖湿润环境，适合摆放在阳光充足地方。夏季避去直射光。浇水原则是干则浇，不干不浇。栽植基质适合选用疏松排水好的砂质土壤 |
| 网纹草 |  | 网纹草喜高温多湿环境，喜半阴，生长期需较高的空气湿度，除保持土壤湿润外，还要地面洒水，以增加空气湿度 |
| 富贵子 |  | 富贵子喜温暖，喜明亮的散射光环境，喜疏松透气的砂质土壤，土壤板结会影响生长 |
| 小罗汉松 |  | 小罗汉松为半耐阴树种，喜温暖湿润的半阴环境，喜排水良好的砂质壤土 |

（续）

| 植物名称 | 植物图片 | 养护要点 |
| --- | --- | --- |
| 文心兰 |  | 文心兰喜湿润和半阴环境，除浇水增加基质湿度以外，还应进行叶面喷水和地面洒水。增加空气湿度对文心兰的叶片和花茎的生长十分有利 |
| 菖蒲 |  | 菖蒲的适宜生长温度为20~25℃，10℃以下会停止生长。冬季以地下茎潜入泥中越冬。菖蒲喜冷凉湿润气候及阴湿环境，耐寒，忌干旱 |
| 鸟巢蕨 |  | 鸟巢蕨是一种较大型的蕨类植物，适合大型的水陆造景，具有附生性，喜较高的空气湿度 |
| 络石 |  | 络石对气候的适应性很强，能耐一般的寒冷，也耐暑热，但忌严寒 |

（续）

| 植物名称 | 植物图片 | 养护要点 |
| --- | --- | --- |
| 竹柏 |   | 竹柏属耐阴树种，对土壤要求较高，要求排水良好而湿润的土壤，一般选用疏松、肥沃的砂质壤土 |
| 常春藤 |   | 常春藤易于养护且生长较快，喜温暖湿润和半阴环境，较耐寒，忌高温干燥环境。常春藤较耐阴，也能在充足的阳光下生长，但忌阳光暴晒 |
| 袖珍椰子 |   | 袖珍椰子喜散射光，喜湿润土壤，忌积水，忌强光暴晒。袖珍椰子也可以水培 |
| 文竹 |   | 文竹喜温暖湿润和半阴通风环境，要求土壤湿润，不耐干旱，但又不能浇太多水，否则根会腐烂，在夏季忌阳光直射 |

（续）

| 植物名称 | 植物图片 | 养护要点 |
| --- | --- | --- |
| 矮云竹 |  | 矮云竹为文竹的矮化品种，节间较短，叶状枝较密集，观赏价值较高，养护要点同文竹 |
| 苔藓 |  | 苔藓刚栽植时竞争能力很弱，其他植物容易侵占苔藓的生存空间，因此刚栽植时应加强保护。然后当苔藓密布于基质表面后，其他植物就不易侵入了。苔藓对空气湿度要求较严格，在管理中要采用一些喷灌或喷雾装置来调节空气湿度，以利于苔藓生长 |
| 豆瓣绿 |  | 相对于其他水培植物，豆瓣绿所需养分较少，基本不用施肥，水质过肥反而容易引起水体微生物的滋生，不利于植物生长。豆瓣绿对光照要求不高，一旦长出新须根，则以后的养护就比较简单。空气干燥时可向叶面多喷水，忌霜冻 |
| 合果芋 |  | 合果芋不耐严寒，喜高温高湿的环境，适宜生长温度为 20~30℃；在冬天的时候，环境温度不能低于 15℃ |

（续）

| 植物名称 | 植物图片 | 养护要点 |
| --- | --- | --- |
| 西瓜皮椒草 |  | 西瓜皮椒草喜温暖湿润的半阴环境，忌烈日直射，不耐寒，适宜生长温度为18~28℃，夏季要遮阴降温。越冬温度为10~15℃，否则植株易受冻害；环境温度低于5℃会受寒害。西瓜皮椒草喜深厚肥沃、富含腐殖质的酸性土壤 |
| 皱叶冷水花 |  | 皱叶冷水花喜半阴多湿环境，喜明亮的散射光，忌直射光，对温度适应范围较广，冬季能耐4~5℃低温，土壤以富含腐殖质的壤土为佳 |
| 空气凤梨 |  | 空气凤梨耐干旱、强光，小部分品种喜欢潮湿的环境。有些空气凤梨看上去是灰白色，是因为叶面上布满了绒毛体，反射光线所致，这也避免了光灼伤及预防水分蒸发。越是暴露于日光下，叶面上的绒毛也越密集 |
| 金钻蔓绿绒 |  | 金钻蔓绿绒喜温暖湿润的半阴环境，畏寒，忌强光，适宜在富含腐殖质且排水良好的砂质壤土中生长。长势良好的叶柄粗壮挺立，叶片肥厚舒展，并散发着油亮的光泽 |

（续）

| 植物名称 | 植物图片 | 养护要点 |
| --- | --- | --- |
| 猪笼草 |  | 多数猪笼草生活在高湿、高温环境中，且环境中具有明亮的散射光。猪笼草可生长在偏酸性且低营养的土壤中，通常为泥炭、砂岩或火山质土壤 |
| 铜钱草 |  | 铜钱草喜温暖潮湿环境，栽培处以半日照或遮阴环境为佳，忌阳光直射。栽培土材质广泛，以松软且排水良好为佳，适宜生长温度为22~28℃。铜钱草耐阴、耐湿，稍耐旱，环境适应性强，可水陆两栖 |
| 小红星凤梨（彩叶凤梨） |  | 小红星凤梨喜温热、湿润环境，明亮的散射光对其生长、开花有利，种植土壤用疏松、排水良好、含腐殖质的壤土，冬季环境温度不应低于10℃。阳光过强容易灼伤叶片，使叶片泛黄，甚至苍白干枯。在冬季应给予充足光照，可使花色鲜艳，但要注意保温，减少浇水 |

（续）

| 植物名称 | 植物图片 | 养护要点 |
|---|---|---|
| 多肉佛珠 | | 多肉佛珠可浅盆栽植，土壤最好用腐叶土。多肉佛珠喜欢半阴环境，适宜生长温度为20~28℃。浇水应宁干勿湿，生长旺盛的春秋两季应薄肥勤施。多肉佛珠很少有病虫害，要注意通风和增加叶面湿度 |
| 万重山 | | 万重山喜疏松、肥沃、富含腐殖质的土壤，浇水要坚持“间干间湿”，宁干勿湿。 注意不要让花盆壁受到高温，注意茎腐病与蚧壳虫的防治。万重山一般不需要施肥，在盆底放少量碎骨粉、有机肥作基肥即可 |

## 任务小结

通过学习，同学们掌握了组合盆栽植物选材的要求、组合盆栽植物的配色技巧、常见组合盆栽植物的花语、组合盆栽常用植物的养护要点等知识。

## 思考题

1. 请从以下花材中选出适合制作用于装饰老师办公室的组合盆栽的植物材料：瓜叶菊、仙客来、蝴蝶兰、苏铁、文竹、白网纹草、四季秋海棠、金琥、彩云阁、七彩朱蕉。
2. 鸟巢蕨和万重山能放到一个组合盆栽中吗？为什么？

### 知识链接

我国的花卉资源十分丰富，中国园林还被称为“世界园林之母”，还有“没有中国的花卉，便不成花园”的说法。赏花是中国人民的传统习俗，各种花卉以其独有的方式深入中国人民的生活中，中国的文化传统也赋予了花卉不同的寓意。

中国花文化的历史源远流长，中国人欣赏花卉，不仅欣赏花的色彩、姿容，更欣赏花中所蕴含着的人格和精神力量。陶渊明的“采菊东篱下”、孔子的“兰当为王者香”、周敦颐的“出淤泥而不染”、苏轼的“只恐夜深花睡去，故烧高烛照红妆”、林逋的“疏影横斜水清浅”……花卉不仅娱人感官，更撩人情思，能寄以心曲。

另外，我们还认为花是有情之物，人们赏花，除了欣赏它们那静态的外部形态美之外，还欣赏动态的生命变化之趣。我们对花的情感是在观花之后通过感悟形成的一种艺术境界，对花产生了更深层次的情感和精神上的寄托。花中蕴含着文化，花中凝聚着中华民族的品德和节气。随着科学文化的发展，我们将热爱自然、热爱生命、憧憬美好未来的情感附之于花，借花讴歌社会和人生中的真、善、美，从而形成了特有的审美观。我们从花中得到启示、激励，所以无论以何种形式表现花的美，特别是在表现花卉的造型艺术方面，人们极其注重形式与内涵的统一与和谐之美，与许多传统文化艺术一样，要求以形传神、形神兼备。人们更喜欢借花明志、以花传情，以此来表现主观的感受之情，故而常将花卉寓以多种吉祥美好的象征意义，使花卉人格化甚至是神化，然后采用比兴、寄托的手法，以此通过联想而意会其深远的意义。

## 任务三　组合盆栽容器的选择

### 任务目标

学会正确选择组合盆栽的容器。

组合盆栽之所以能够吸引人们的目光，不仅是因为其优美的造型，同样吸引人的还有造型各异的容器。随着组合盆栽行业的不断发展，相关容器的选择也越来越丰富，使造型更加生动、更富有情趣，为组合盆栽的创作提供了更大的空间。组合盆栽在确定了主题、选好了植物之后，接下来的任务就是选择容器，这就是本次任务要完成的内容。

**1. 组合盆栽的容器**

选择合适的容器是制作组合盆栽的一个十分重要的环节。从植物栽植容器的基本功能来讲，只要能够容纳适量介质，提供足够的栽植深度，任何物体均可用作组合盆栽的容器。除花卉市场销售的盆器外，日常生活中使用的盆、桶、罐、筐、袋、盘、杯等，都可以用来作为组合盆栽的容器。注意，在使用有排水孔的容器时，容器底部要有托盘，以免污染装饰环境。

**2. 正确选择组合盆栽的容器**

在大多数情况下，组合盆栽的容器并不仅仅是一个提供植物生长的场所，而是与植物共同形成一个可供观赏的艺术品。因此，组合盆栽容器的选择一定要有创造性和艺术性，并充分考虑到与其中栽植的植物及所处装饰环境的协调一致。在选择组合盆栽的容器时，应注意以下几个方面：

（1）容器的材质

如今在市场上出售的组合盆栽容器的种类十分丰富，不同材质的容器给人带来的视觉上的感觉是不同的（图 1-13）：塑料容器质地较轻，价格便宜，比较大众化；陶质容器和瓷质容器虽然较为笨重，容易碎，但陶之古朴、瓷之精致，它们的艺术性更强，给人以厚重、坚实、回味无穷的感觉；由藤、竹编制的容器轻巧、自然，有原始朴实之美，适用于展现自然野趣之类作品；玻璃容器的晶莹、透亮，是其他材质的容器所不能比拟的，利用玻璃的这一特性，可创作出清爽怡人的作品；色泽光亮的金属类容器比较适合表现高雅、华贵风格的主题。

图 1-13 不同材质的组合盆栽容器

a）陶瓷容器 b）紫砂容器 c）玻璃容器 d）塑料容器 e）竹、木容器 f）仿树桩花盆容器

（2）容器的大小

容器的大小取决于作品的大小，一定要比例适当，植物的高矮、大小要与容器的体积相协调。同时，还要顾及植物的继续生长，要为植物留出适当的生长空间。这些因素在确定容器大小时都要考虑到。

（3）容器的样式

容器的样式可谓变化万千，既可以选择厂家生产的固定样式的容器，也可以根据需要自己动手加工。一般来说，容器的基本样式有标准盆、浅盆、深盆、花槽、吊盆、壁盆、组合盆、多耳盆、提篮以及特殊造型盆等。

（4）摆放地点

挑选容器时还要考虑到组合盆栽的摆放位置，要与室内的装饰、家具的样式和居室的功能相协调，这样才能充分发挥组合盆栽的装饰效果。不同样式的容器会影响组合盆栽的摆放地点。例如，采用吊盆的组合盆栽适合悬挂起来，装饰立体空间；采用浅盆的组合盆栽可以摆放在茶几或餐桌的桌面上；以长方形花槽为容器的组合盆栽适合放在窗台上。

（5）移动性、耐久性及安全性

如果容器需要经常搬动，则重量应轻一些，但也必须有足够的重量，以免被风吹倒或被一些小动物碰倒，还要考虑到是否会给小孩造成意外伤害。如果容器是一直摆放在室外，还应该考虑到在北方寒冷的气候条件下，冻融交替环境对容器产生的破坏作用。

**3. 自制个性化的容器**

人们可以自己设计并制作组合盆栽容器，如破洞的牛仔裤，用完的罐头瓶、点心盒或废弃的茶壶、茶杯，或者在普通塑料容器外面粘贴煤块、树皮块（图 1-14）、破碎的陶瓷碎片等，都可以成为极具个性的组合盆栽容器，别有一番风味，这为创作提供了更为广阔的空间。

图 1-14　用树皮块自制的容器

### 任务小结

通过学习，同学们学会了如何正确选择组合盆栽的容器，相信同学们可以根据作品的花材和主题正确选择或制作一款容器了。

### 思考题

1. 选出适合栽植蝴蝶兰的组合盆栽容器。
2. 列出可用于制作生日礼品型组合盆栽的容器。
3. 自制两件富有创意的组合盆栽容器。

## 任务四　组合盆栽常用基质

### 任务目标

1. 掌握组合盆栽基质的含义及应满足的要求。
2. 了解组合盆栽常用的基质。
3. 学会组合盆栽基质的基本配制方法。

组合盆栽植物局限在花盆中生长，所用盆土容积有限，植物根系生长在有限的土壤中，所以土壤状况直接影响植物的正常生长。因此，组合盆栽植物必须用特殊的基质来栽植。

### 1. 组合盆栽基质的含义及应满足的要求

组合盆栽基质是指以园土等为材料，经过人工配制，能满足植物生长、发育所需营养条件的混合土。组合盆栽植物种类繁多，与其生理特性相适应的基质的种类也有很多，一般对组合盆栽的基质有以下要求：团粒结构良好，营养丰富，疏松透气，排水、保水性能良好；腐殖质丰富，肥效持久；不含病原菌、虫卵和杂草种子；酸碱度适宜，符合组合盆栽植物种植要求。

### 2. 组合盆栽常用的基质

组合盆栽常用的基质见表 1-3。

表 1-3 组合盆栽常用的基质

| 基质名称 | 基质图片 | 基质特点 |
| --- | --- | --- |
| 园土 |  | 园土是指将耕种过的田园、菜园、花圃等的表层的熟化土壤，经过堆积、暴晒、压碎、过筛等工序，制成的均匀干燥的土粒。园土作为配制基质的主要成分，对于补充植物所需的微量元素很有益处 |
| 草炭土 |  | 草炭土含有大量的有机质和腐植酸，有机质含量高达 70%，个别种类可达 85% 以上。草炭土有改良土壤、供给养分、促进植物生长的作用。草炭土含有的腐植酸具有较强的吸附力，能增加土壤的团粒结构，使土壤更为疏松 |
| 珍珠岩 |  | 火山喷发时喷出的酸性熔岩，经急剧冷却后形成的玻璃质岩石，就是珍珠岩，因其具有珍珠裂隙结构而得名。珍珠岩具有质地疏松、透气性好的特点 |
| 蛭石 |  | 蛭石是一种天然、无机、无毒的矿物质，在高温作用下会膨胀。生蛭石片经过高温焙烧后，其体积能迅速膨胀数倍至数十倍，具有质地疏松、透气性好、吸水能力强、温度变化小等特点，有利于植物生长 |

（续）

| 基质名称 | 基质图片 | 基质特点 |
|---|---|---|
| 鹿沼土 | | 鹿沼土是一种罕见的物质，产于火山区，是由下层火山土生成的，呈火山沙的形状，pH 呈酸性，有很高的通透性、蓄水力和通气性 |
| 轻石 | | 轻石是一种多孔、轻质的酸性火山喷出岩，其成分相当于流纹岩。轻石在园艺种植中主要用作透气保水材料，以及土壤疏松剂 |
| 赤玉土 | | 赤玉土由火山灰堆积而成，是运用广泛的一种土壤介质。赤玉土是高通透性的火山泥，呈暗红色圆状颗粒，无有害细菌，pH 呈微酸性。其形状有利于蓄水和排水 |
| 水苔 | | 水苔是一种天然的苔藓，别名泥炭藓，结构简单，仅包含茎和叶两部分，有时只有扁平的叶状体，没有真正的根和维管束。水苔是栽培蝴蝶兰的专用基质，具有非常好的蓄水性和透气性 |

### 3. 基质配制的基本方法

组合盆栽植物种类繁多，对基质要求各异，配制组合盆栽基质时，需要根据配植植物的生态习性、基质材料的性质和当地的土质条件等因素灵活选择。组合盆栽基质的构成一般由土类材料、腐殖类材料、疏松质材料按一定比例构成。其中，土类材料一般采用园土；腐殖类材料可用厩肥、腐殖质土、泥炭土等；疏松质材料常见的有河沙、蛭石、珍珠岩等。

不同的组合盆栽植物适合不同的基质，现以园土、腐殖质土、河沙为材料举例说明（也可以将这三种材料换成同类的其他材料）：疏松基质，一般由园土、腐殖质土、河沙以 2∶6∶2 的比例混合配制；中性基质，一般由园土、腐殖质土、河沙以 4∶4∶2 的比例混合配制；黏性基质，一般由园土、腐殖质土、河沙以 6∶2∶2 的比例混合配制。

### 任务小结

通过学习，同学们了解了基质的含义与要求，认识了一些常见的基质，学会了组合盆栽基质配制的基本方法，相信同学们能根据组合盆栽设计的需求因地制宜地配制基质。

### 思考题

1. 组合盆栽的基质应满足哪些要求？
2. 水苔有何特点？一般使用在哪些方面？

## 任务五　组合盆栽常用石材

### 任务目标

1. 掌握组合盆栽常用石材的特征。
2. 掌握组合盆栽常用石材的应用特点。

在微景观组合盆栽的制作中常会用到造景石作为陪石，只有了解每种石材的特点，才能准确地应用在作品中，组合盆栽常用石材见表 1-4。

表 1-4　组合盆栽常用石材

| 石材名称 | 石材图片 | 石材特征与应用特点 |
|---|---|---|
| 青龙石 | | 青龙石是一种常用到的造景石料，因其色泽青黑，故名青龙石。其形态各异，每一块都是与众不同的石块，所以造景各有不同，深受广大水族景观和组合盆栽爱好者的青睐 |
| 松皮石 | | 松皮石常见黑、黄两色，形态各异，表面有很多的小孔，整体似树桩，显出松皮石的苍劲雄浑。松皮石中较大的孔洞可栽植小体形植物作为点缀。有的松皮石形如古陶状，古色古香，别有一番韵味 |

（续）

| 石材名称 | 石材图片 | 石材特征与应用特点 |
|---|---|---|
| 火山石 |  | 火山石是火山爆发后由火山玻璃、矿物与气泡形成的非常珍贵的多孔石材，建筑、水利、研磨、滤材、园林造景、无土栽培、组合盆栽等领域均有应用 |
| 各种铺面石 |  | 铺面石在组合盆栽中起到美观装饰、遮盖基质的作用，也可用于铺设水系及园路 |

## 任务小结

通过学习，同学们掌握了几种组合盆栽常用石材的特征和应用特点。同学们可以选购一些石材或者去野外采集一些石材应用在组合盆栽中。

## 思考题

1. 简述青龙石的特征与应用特点。
2. 简述火山石的特征与应用特点。

# 任务六　组合盆栽常用摆件及配饰

## 任务目标

1. 掌握组合盆栽摆件及配饰的作用。
2. 学会组合盆栽常用摆件及配饰的使用方法。

### 1. 组合盆栽摆件及配饰的作用

摆件及配饰因其具有特定的含义而使组合盆栽的主题更加明确，例如卡通造型的童话人物或小动物是小朋友们十分喜爱的，为儿童节设计的组合盆栽善加利用这些装饰物，则主题就会很明确；心形的饰物或是小天使往往表达了爱的含义，而巧克力则是情人节具有代表性的装饰物；圣诞节时用来装点庆祝场所的组合盆栽中经常要用到松果、铃铛等带有圣诞特色的典型饰物。

摆件及配饰的巧妙运用可以使作品更具有美感和艺术性，例如用绸带结成蝴蝶结装饰组合盆栽作品，不仅外表美观，而且还使组合盆栽具有礼品的气质。而其他一些木质材料、金属材料装饰物的运用，则与植物的质感形成了对比，使作品的艺术性得到了加强。组合盆栽常用摆件及配饰如图 1-15 所示。

**2. 组合盆栽摆件及配饰使用方法及注意事项**

组合盆栽摆件及配饰的使用方法有很多，如将一些中国结悬挂在枝条上，将一些卡通人物和卡通动物直接摆放在基质上或粘在盆上。组合盆栽摆件及配饰使用时要注意以下几点：

1）摆件与配饰的形式与材质要与组合盆栽的主题和形式相符，如中式风格的组合盆栽要配中式风格的配饰。

2）摆件与配饰的比例要合理，制作盆景时讲究“尺山、寸马、豆人”，组合盆栽的摆件也是如此。

3）一个组合盆栽内不要选择风格不同的摆件或配饰，同风格的摆件及配饰也不要选择过多，一般三个以内就好，以免喧宾夺主。

a) b)

c)

图 1-15 组合盆栽常用摆件及配饰

a）龙猫系列 b）渔翁系列 c）造景动物、物品摆件系列

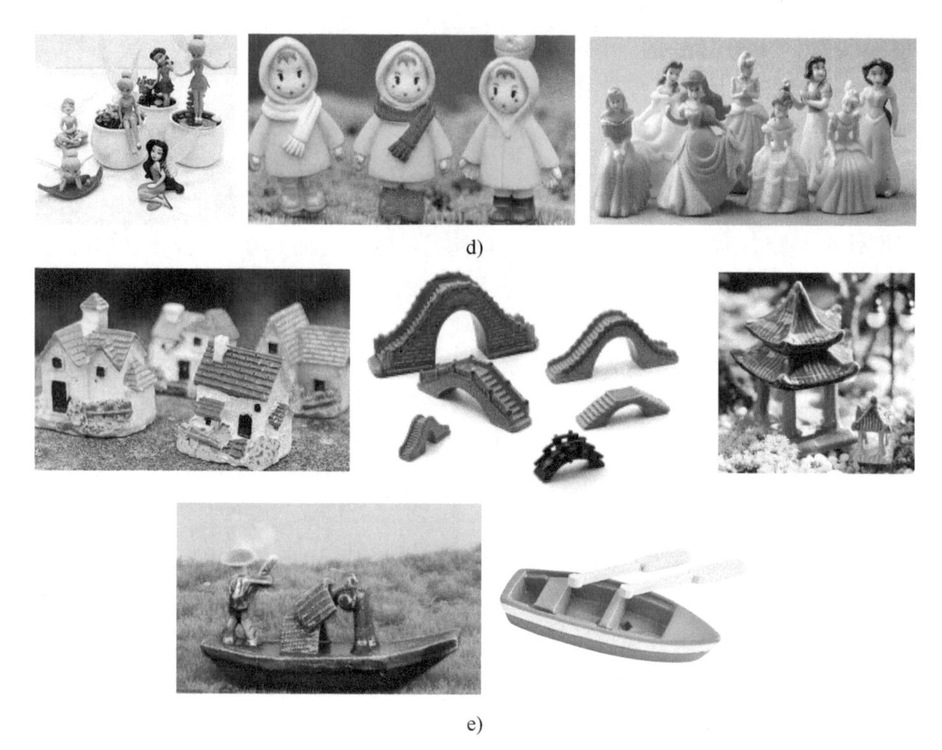

d)

e)

图 1-15 组合盆栽常用摆件及配饰（续）

d）造景人物摆件系列 e）造景桥、船、亭、房摆件系列

## 任务小结

通过学习，同学们了解了摆件和配饰在组合盆栽中的作用，以及它们的使用方法。相信同学们一定能根据组合盆栽的形式选择合适的摆件和配饰。

## 思考题

1. 摆件及配饰在组合盆栽中有哪些作用？
2. 圣诞节常用的摆件及配饰有哪些？

# 任务七 组合盆栽设计原则与创作手法的运用

## 任务目标

1. 掌握组合盆栽设计的基本原理。
2. 学会组合盆栽创作设计的原则。
3. 掌握组合盆栽的主要创作手法。

目前，组合盆栽在国内尚属于市场导入期，它的推广使人们养成正确的盆花消费习惯，提高人们的生活质量，符合未来需求的消费特性，是未来极具发展潜力的花卉园艺经营项目。发展组合盆栽应用的特征在于建立完整的组合盆栽体系，激发组合盆栽自成一格的艺术定位及价值。

组合盆栽创作虽然有很大的随意性，但并不是无章可循，也不是随心所欲地任意配植植物，而是要遵循一定的原则。

**1. 组合盆栽创作设计的基本原理**

在进行组合盆栽设计时，应遵循多样与统一、协调与对比、动势与平衡、比例与尺度、节奏与韵律、视觉中心等原理。

（1）多样与统一

多样与统一是进行组合盆栽设计的基本原理。多样是指多种不同的植物，在株形、色彩、叶片的质感等方面要有所变化，但又要有一定的统一性（图 1-16），这样统一中有变化，变化中有统一，带给人和谐的美感。进行设计时，首先要恰当地选择与主题最直接、最相关的素材，这是达到统一的基础；其次，就所选用的素材而言，既要有各自的独立性，又要做到在比例、色彩、质感等方面具有一定程度的相似或一致，让人感觉和谐。要想掌握多样与统一的原理，首先要注意植物与容器、周围环境的统一，其次是不同植物之间的协调与统一。

（2）协调与对比

在多样与统一的原理之下还要强调变化，以避免单调的感觉，而体现变化最好的方法就是对比。对比是相对统一而言的，是指将两种或两种以上具有很大差别的要素放在一起，使之产生相对立的感觉，通过对比能增强作品的个性，唤起美感。对比的表现形式有很多，如浅与深、大与小、疏与密、薄与厚、软与硬、粗糙与光滑等，这些差异可引起人们审美心理的变化。运用对比的手法会使事物原有的特性变得更为突出，可以互衬出各自的优点，并产生强烈的视觉效果。例如，在组合盆栽设计中巧妙利用植物叶色的变化形成对比，从而使作品更具有灵动感（图 1-17）。

图 1-16　株形是多样的，暖色调是统一的

图 1-17　株形、色彩既有对比，又有协调

（3）动势与平衡

平衡又叫均衡，一件作品如果失去了平衡，也就失去了美感。最常见的平衡就是平衡中心两边的分量完全相同，称为对称平衡。例如，一件作品中左右对称栽植完全相同的植物。如果平衡中心两边的分量不同，但通过一定的构成，仍可保持相对的稳定时，并没有失去美感，那么它仍是均衡的，称为“非对称的平衡”或“重力平衡”，这是一种比较自由、活泼的形式（图 1-18）。采用平衡手法设计的作品，在视觉上给人以安定感。

（4）比例与尺度

比例是指在一个特定范围内局部与局部、局部与整体之间在尺度上的相互关系，只有比例适当才能产生美感。在组合盆栽设计中，要考虑到植物与容器、作品与摆放位置等方面的比例关系。比例协调，才能达到美化的效果；相反，比例失调，则会让人感到不舒服。一般说来，黄金分割被公认为是最佳的比例关系，例如组合盆栽作品的宽度与高度的比值如果是 0.618 时，即为比例适当，给人以和谐之感（图 1-19）。

图 1-18　不对称构图中的动势与平衡

图 1-19　作品的宽度与高度之比符合黄金分割

（5）节奏与韵律

节奏本来是用来表示音乐中音调的起伏变化，运用在组合盆栽作品中，就是一个基本单位连续重复地出现，在相同中求得变化。韵律是组成组合盆栽作品的各元素的点、线、面、色的重复，产生有序的运动感。在组合盆栽设计中，韵律最简单的表现方法是植物错落起伏的变化，以及体积由大渐小或由小渐大，色彩由淡渐浓或由浓渐淡。这种渐次的变化使静态空间产生微妙的灵动感（图 1-20）。

图 1-20　框景中的蝴蝶兰按韵律由低向高渐次排列

（6）视觉中心

创作任何一件组合盆栽作品，都需要有明确的主次设计，即以哪种植物作为重点，用哪些植物作为陪衬。一件组合盆栽作品展现在观众面前，最为引人注意的地方就是视觉中心。视觉中心往往是焦点植物的所在，一般设在作品中部偏下的位置，将花形优美、色彩艳丽的植物放在这里，作为整件作品的视觉中心（图 1-21）。

**2. 组合盆栽创作设计的原则**

（1）生态习性要相近

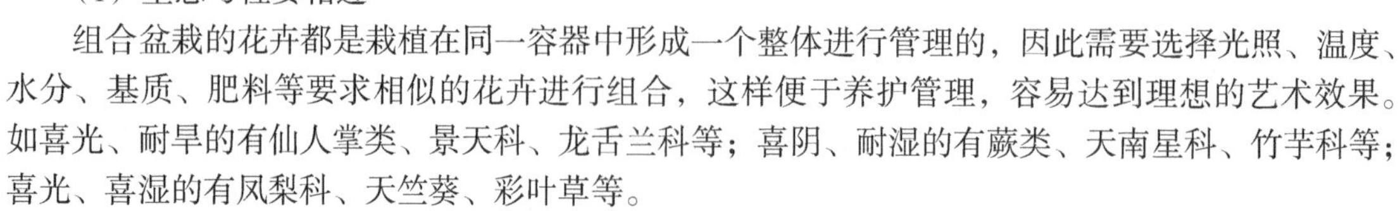

组合盆栽的花卉都是栽植在同一容器中形成一个整体进行管理的，因此需要选择光照、温度、水分、基质、肥料等要求相似的花卉进行组合，这样便于养护管理，容易达到理想的艺术效果。如喜光、耐旱的有仙人掌类、景天科、龙舌兰科等；喜阴、耐湿的有蕨类、天南星科、竹芋科等；喜光、喜湿的有凤梨科、天竺葵、彩叶草等。

（2）主题要突出

任何一件组合盆栽作品，要想表达一定的寓意，都要有一个主题。主体植物要放在最吸引人目光的位置，通过独特的造型、色彩、姿态进行表达（图 1-22）。

图 1-21 仙客来位于作品的视觉中心

图 1-22 大花蕙兰为主题植物

（3）选择植物要富有变化

组合盆栽所用花卉的色彩相当丰富，从花色到叶色，都呈现出不同的风格。在进行组合盆栽设计时，既要考虑植物颜色的配置，确定主色调，考虑空间色彩的协调、对比及渐层的变化，还要配合季节、场地背景及所用容器，选择适宜的栽植植物材料，以达到预期效果。选择的植物在种类、株形、体量、高度、叶形、叶色、叶质、花形、花的大小等方面应有所变化，这样才能表现出高低错落、层次变化的效果（图 1-23）。

图 1-23 植物株形、花形、花色富有变化

（4）整体平衡、层次分明、比例适宜

组合盆栽的结构和造型要求平衡和稳重，上下平衡、高低错落、层次感强，容器的高矮、大小与所配植的花卉要相协调（图 1-24）。

（5）富有节奏和韵律

不仅人的听觉能够感受到节奏和韵律，人的视觉同样也能感受到节奏和韵律。组合盆栽与其他艺术作品一样，有节奏与韵律，不宜过于呆板，通过植物的高低错落起伏，色彩由浓渐淡或由淡渐浓，以及体积由大到小或由小到大，产生灵动感，让作品产生节奏与韵律之美。

（6）空间疏密有致

组合盆栽中花卉的种植数量不宜过多，应根据容器的大小来确定花卉的数量，一般是小盆种植 2~3 种，中盆种植 3~5 种，大盆种植 5~7 种。在制作组合盆栽时，应使花卉之间留出适当的空间，以保证以后花卉的继续生长。同时，作品中的植物不宜有拥塞之感，必须有适当的空间，以使欣赏者有发挥自由想象的余地。

（7）色彩搭配和谐

进行色彩搭配时，一般先以中型直立植物来确定作品的色调，再用其他小型植物材料作为陪衬。花形、花色要与叶形、叶色匹配，使组合后的群体在色彩、形态、姿态、韵律等方面形式美感。

（8）植物选择要与摆放环境、用途相符

进行植物选材时，要考虑作品摆放位置的周围环境、陈设布置，当时的季节以及作品的用途，使作品能够与周围环境、用途相符。如组合盆栽用于室内装饰时，选择的植物材料要求有一定的耐阴性。

（9）容器要与组景植物相匹配

容器的材料、大小、颜色、形状都会影响组合盆栽的构图及风格，观赏性好的花盆能增添主体植物的光彩，特别是大型花盆，一旦定植好后就很难移动，所以一定要根据放置场所的空间、周围的环境，选择好花盆的形状、大小和材料。

图 1-24　作品层次感强，比例协调

（10）组合盆栽的主体植物要首先确定

一般应把主景植物放在中央处或在长盆的 2/3 处（长度方向），然后再配植一些陪衬植物，也可留有空隙铺一些卵石、贝壳加以点缀。容器边缘也可种植蔓生植物，使其垂吊下来遮掩边框。注意要选择生长较慢的中小型植物，不宜选用生长过快、株形变化过大的植物材料，如龟背竹、海芋、花叶万年青等，否则整个作品的造型就难以控制，很难达到设计预期的效果。

**3. 组合盆栽的主要创作手法**

目前，组合盆栽设计主要采用的创作手法有造景园艺手法、花艺创作手法、礼品包装手法和架构设计手法，具体采用哪种创作手法，要从创作的目的和作品的用途等方面来考虑，后面会在应用篇详细讨论。

### 任务小结

通过学习，同学们掌握了组合盆栽设计的基本原理、设计原则，了解了组合盆栽主要的创作手法。同学们是不是已经跃跃欲试要设计并制作一盆组合盆栽了呢？

### 思考题

1. 组合盆栽的主要创作手法有哪些？
2. 组合盆栽中的植物要富有变化，主要体现在哪些方面？

## 任务八　组合盆栽的养护管理

### 任务目标

1. 掌握组合盆栽养护管理的主要技术，养成做事有耐心的好习惯。

2. 学会正确选择组合盆栽作品的摆放地点。

组合盆栽设计是很重要的一个环节，但是如果养护管理不当，就会前功尽弃，所以组合盆栽作品的养护管理尤为重要。

组合盆栽作品的养护管理主要包括以下内容：

**1. 摆放地点**（光照强度的影响）

组合盆栽制作完成后，摆放的地点很重要，要依据植物的生长要求来安排。植物生长环境中最关键的因素是光照，尽管每一种植物对光照条件的要求都不同，但是一般来说，大多数观花、观果植物都喜光，要求环境阳光充足，这样有利于保持花期，使果实更饱满，观赏时间更长久；而大多数观叶植物对于光线的要求不高，除一些彩叶植物外，观叶植物一般都忌强光直射，适合在室内散射光环境条件下生长，这是它们成为室内绿化主力军的主要原因之一。

居室中，阳光穿过窗户进入室内，窗台是光线最好的地方，而且离窗户越近光线越好，可以根据这一特点来选择组合盆栽的摆放地点。由于植物都具有趋光性，为了避免植物长期因趋光而偏向一侧，最好每周转动一次组合盆栽以改变受光方向，或更换摆放的位置，以保证株形端正。光照强度也会影响到植物叶片的颜色，例如，常春藤虽然是耐阴植物，但是长时间的光照不足，叶片的颜色就会不鲜亮；而对于喜光的彩叶草来说，阳光不足，会使其叶片上鲜艳的色彩消失，植株变得衰弱。

要注意，组合盆栽不要摆放在空调、电风扇或是散热器的附近，因为空调、电风扇的风直接吹到植物，会加快植物散失水分，而且容易引起温度的剧烈变化，影响植物的生长。

**2. 温度**

植物一般具有温度“三基点”，即最高温度、最适温度和最低温度，超过最高或最低温度，植物就会受到伤害。对绝大多数植物来说，生长适宜温度范围为10~30℃，在此范围内，植物基本能正常生长，对植物配植影响不大；低于10℃或高于35℃时，有些植物会休眠。因此，有时要根据特殊的温度情况做出特殊的选择，如蝴蝶兰，冬季白天温度应在25℃以上，夜间不低于16℃；网纹草类属于耐高温植物，对温度十分敏感，生长适宜温度为18~25℃，冬季不低于13℃；合果芋的生长适宜温度为15~25℃。

**3. 浇水**

浇水应坚持以下几个原则：第一是表土干燥后再浇，这个原则对大多数植物都适用；第二是浇水要浇透，看到水自花盆底部流出即可；第三是清晨或傍晚浇水比较好。在给组合盆栽浇水时要细心，最好能用喷水器在每株植物的基部注入适量的水，因为有些地区的水质较差，水珠落在叶片上会留下斑点，影响美观。对于喜湿的植物可以适当多喷水，以加大空气湿度。

一般来说，大多数观叶植物的生长旺季在春、秋两季，避免让植物发生缺水现象；而冬季则会减弱生长态势，如果冬季室内温度低，则要减少浇水次数，让土壤偏干燥。元旦、春节等重要节日集中在冬季，这时购买的一些开花植物，如蝴蝶兰、仙客来、大花蕙兰等，开花后不要浇水过多，否则易引起烂根而缩短观赏期。另外，在浇水方式上要注意，最好能从植株的底部浇水，尤其是对于枝叶茂密的植物如竹芋类、仙客来等，不要从顶部浇水，否则会使叶片或花朵发生腐烂，从而降低观赏价值。

不同种类的植物对水分的要求不同。大部分植物只要保持基质湿润即可生长良好，但耐旱植物如多肉植物、仙人掌类等，能长期忍受干燥的土壤及空气，栽培基质要适当干燥些；叶呈革质、蜡质或具有针状枝叶的半耐旱花卉如松、柏等，较耐旱，对水分要求较少；一般的植物如月季等，对水分的要求多于半耐旱植物，但不能在全湿的土壤中生长；而对于要求湿度较高的耐湿植物，如凤梨、海芋、天南星科的部分植物，要求很高的土壤湿度和空气湿度，除了给基质浇透水外，必要时还需喷水增加空气湿度；水生植物，如睡莲、荷花等，则需生长在水中或湿地中；蕨类植物大多数喜欢潮湿的环境，但肾蕨比较耐干旱，夏季多湿的条件反而会使其落叶或引起根部发霉，因此，不宜浇水过多；冷水花是一种喜欢湿润的植物，春、夏两季不仅要多浇水，而且叶面还要多喷些水，干燥的条件会使其落叶；大多数凤梨喜欢多湿的环境，发育期的叶筒内要经常贮水，但在冬季除外，可以适当喷雾。

**4. 施肥**

对于不同的组合盆栽，氮、磷、钾三要素的比例有所不同。对于观叶植物来说，偏施氮肥有助于枝叶生长；对于观花植物，磷肥和钾肥更为重要。施肥应遵循“薄肥勤施、细水长流”的原则。组合盆栽也可以采用复合肥。

**5. 病虫害防治**

组合盆栽一旦染上了病虫害，应及早处理，多采用修剪残枝、集中销毁枯叶的办法，或采用其他物理方法如擦拭、水冲等来除去病源区或虫体。使用化学药剂防治病虫害时应选用低毒环保药剂。对于病虫害严重且观赏价值较低的，建议全部淘汰，重新选择植物材料制作组合盆栽。

**6. 修剪整形**

组合盆栽在养护过程中应随时修剪干枯的叶片，摘除残花谢蕾。对于那些生长及分枝旺盛的植物，枝叶间的重叠会影响到整个植株形态上的美观，应及时对其进行修剪、疏枝；对于要控制长势的植物，则要采用摘心、除蕾等方法促进分枝，减少能量消耗。

**7. 更新**

植物生长分为不同阶段，有旺盛期也有老化衰退期，为了能保持组合盆栽的美观，每隔半年或一年更新或重新补种新的植株，去掉衰老或生长不良的植株，以保持组合盆栽长久的观赏性。

组合盆栽的养护管理技术不难掌握，细心和坚持才是更重要的。同学们在组合盆栽的养护管理过程中，要细心观察组合盆栽中各个植物的生长状态，只有这样才能及时发现问题。另外，不管是家庭养护还是批量生产，责任心和持之以恒的心态都是事关成败的重要因素，有些植物会因为某次没有及时浇水而旱死，没有细心观察而染上各种病虫害。所以，同学们除了要掌握技术外，还要培养自己的耐心，做事情要持之以恒。

### 任务小结

组合盆栽有“三分栽、七分养”的说法，养护的质量决定了组合盆栽的美观和寿命，相信通过学习和实践，同学们都能养护好组合盆栽。

### 思考题

1. 简述组合盆栽的养护要点。
2. 给凤梨浇水时需要注意什么？

## 任务九　组合盆栽作品的评价标准

### 任务目标

1. 掌握组合盆栽作品的评价标准，培养积极健康的审美情趣。

2. 学会鉴赏组合盆栽作品的方法，树立积极向上的审美情操。

初学组合盆栽制作，一般都要先从模仿别人的作品开始。什么样的作品是可以用来借鉴学习的呢？这就需要具备基本的组合盆栽艺术鉴赏能力，只有这样才能选择好的作品进行模仿。

组合盆栽作品的评价标准一般包括以下五项：设计主题表达与创意（占总分的 30%）、植物植栽设计与应用（占总分的 20%）、色彩（占总分的 20%）、造型与技巧（占总分的 20%）、清洁（占总分的 10%）。

**1. 设计主题表达与创意**

设计主题表达与创意，主要是评价主题的意境和表达、作品名称及主题说明、配件应用。

1）主题的意境和表达：主要是评价组合盆栽作品的设计是否有创造性或独创性，意境的表达是否准确。

2）作品名称及主题说明：主要是评价作品名称与主题是否相符，主题说明是否贴切合理。

3）配件应用：主要是评价辅助材料的应用是否新颖，是否起到点题或点睛的作用，是否喧宾夺主。

制作组合盆栽除了造型技艺要过硬外，还要有追求、有目的、有主题，要融入作者的思想感情，要紧跟时代的脉搏，要给人美的享受，要给人无穷的回想，总的来讲就是要有意境。好的组合盆栽给人的第一印象是积极向上，给人以正面启发，这样的主题既能陶冶人的情操，也能与植物欣欣向荣的状态相匹配。另外，主题的选择要与其装饰的环境和气候、季节相匹配。

**2. 植物栽植设计与应用**

植物栽植设计与应用主要是评价在组合盆栽作品中，植物种类的选择是否多样；植物是否新鲜并匹配主题；不同植物的习性是否相容；不同形态植物的搭配是否合理；作品中的植物是否具有可持续生长的空间和观赏性。

**3. 色彩**

色彩主要是评价组合盆栽作品中植物的色彩搭配与应用是否合适，植物与容器的选用及色彩的搭配是否合理。

**4. 造型与技巧**

造型与技巧主要是评价作品整体是否协调统一；焦点植物的设置是否合适；作品在视觉上是否保持平衡；作品的造型结构是否稳定，是否便于运输；作品的尺寸和比例是否合适。

**5. 清洁**

清洁主要是评价选手在操作过程中和作品完成后对废弃材料的处理，要求操作场地干净无杂物。

### 任务小结

通过学习，同学们知道了组合盆栽作品的评价标准，希望同学们既能用学到的评价标准去评价作品，也能用它来指导实践活动。

### 思考题

1. 设计主题表达与创意的评价内容有哪些？
2. 简述组合盆栽对造型与技巧的要求。

# 模块二
# 应 用 篇

随着组合盆栽行业的快速发展，组合盆栽的应用范围更加广泛，设计形式也不断推陈出新，组合盆栽的应用主要包括庭院、公共绿地、室内共享空间、阳台、灯柱、护栏等的绿化。用于室内装饰的中小型作品主要摆放在台面、茶几、几架等处，可以美化空间；用于大型室内装饰场景时，可采用植物造景的形式，以便于后期的养护管理。组合盆栽改变了以往配植一种植物的单调格局，使空间富于变化，富有视觉冲击力，更耐人寻味，使人产生联想。组合盆栽既可作为春节、母亲节、教师节、圣诞节等节日的礼品，也可用于社交礼仪活动中的馈赠。

“业精于勤荒于嬉”，同学们要努力创作，以精益求精的态度进行艺术设计；要养成独立思考的习惯，树立勇于创新的工匠精神。进行作品创作时，可以将“天人合一，道法自然”的中国古典哲学思维融入作品中，将中华传统优秀价值观与实践相结合，在创作过程中做到知行合一。

# 任务一 节庆礼品型组合盆栽的制作

## 任务目标

1. 掌握节庆礼品型组合盆栽的设计要点（以春节组合盆栽为例），弘扬中国传统节日文化风俗。

2. 学会春节组合盆栽植物的选择及养护知识。

3. 学会设计并制作节庆礼品型组合盆栽作品。

## 任务描述

春节是我国的重要节日，同时也是人们情感交流的有效时机，普通礼品虽然能表达心意，但更多的消费群体特别是追赶时尚的青年人，更希望为亲朋好友送上具有新意的礼品。请制作一件富有创意的春节礼物送给朋友和家人，带去新年的美好问候和祝福。

## 任务分析

制作春节组合盆栽时，要结合室内装饰，以植物实际需要的养护条件进行设计，并通过色彩的搭配、适合的包装，形成适宜的作品。设计时要根据客户的需求，在植物的选择、色彩及构图的设计方面进行相应的调整，最后确定最佳的设计方案。

## 任务实施

**1. 制作实例 1**

**作品名称：**春的祝福（图 2-1）。

**植物材料：**发财树、长寿花、金钻蔓绿绒、吊兰、红网纹草。

**使用容器：**陶瓷浅盆。

**设计说明：**本作品采用礼品设计的创作技巧，适合馈赠长辈，将发财树作为主题植物，预示财源滚滚的美好祝福；以象征长寿吉祥的长寿花作为焦点植物，表达了长寿的美好愿望；用吊兰的柔线条与发财树的直干形成刚柔相济的艺术效果，作为春节礼物很是得体。

图 2-1 春的祝福

**制作步骤：**

1）准备配植植物。

2）准备容器、基质及配饰和工具。

3）在容器内盛装湿润的栽培基质，用量为容器容积的 2/3。

4）在容器的后方 1/3 处栽植发财树，以此决定作品的比例高度。

5）在焦点处栽植长寿花，作为作品的亮点。

6）在容器的右侧栽植金钻蔓绿绒，以均衡作品风格。

7）在容器的左侧栽植吊兰，以增加作品的柔美感，再在空缺处栽植红网纹草。

8）最后点缀小蘑菇摆件，完善作品。

9）作品完成后整理台面和地面。

**2. 制作实例 2**

图 2-2　蝶舞新春

**作品名称：**蝶舞新春（图 2-2）。

**植物材料：**蝴蝶兰、文心兰、文竹、小红星凤梨、常春藤、竹柏等。

**使用容器：**金属方盆。

**设计说明：**本作品适合馈赠给亲朋好友，将蝴蝶兰作为主题植物，预示春的美好祝福；以小红星凤梨作为焦点植物，表达幸福好运的美好愿望；以文竹作为背景植物，枯木上附生文心兰，寓意枯木逢春、春回大地、万物复苏；下垂的常春藤，以其柔线条给作品增添了延伸性与柔美的艺术效果。

**制作步骤：**

1）材料的准备，包括植物材料、容器、基质、工具等。

2）根据植物的习性配制好栽培基质，喷水使土壤含水率为 50%~60%，注意不要用生土来栽植植物。

3）两枝蝴蝶兰在栽植前要做好根系的处理，以及茎的弧线处理，要高低错落，形成韵律感。

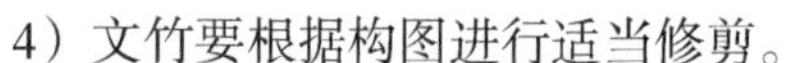

4）文竹要根据构图进行适当修剪。

5）沉木要做好固定，以防移动。

6）文心兰的根系要用湿的水草包好，然后固定在沉木上。

7）按图 2-2 所示将植物栽植好，然后将土压实，最后铺苔藓，不要有露土的地方。

8）整理台面和地面，均匀喷水，将作品摆放在台面上。

**3. 制作实例 3**

图 2-3　新春祝福

**作品名称：**新春祝福（图 2-3）。

**植物材料：**蝴蝶兰、袖珍椰子等。

**使用容器：**陶瓷盆。

**设计说明：**本作品采用礼品包装的设计手法进行创作，适合在春节走亲访友时作为馈赠礼品，将蝴蝶兰作为主题植物，寓意对亲朋好友的美好祝福；用藤球、红灯笼及包装纸进行装饰，增添了节日的喜庆气氛。

**制作步骤：**

1）材料的准备，包括植物材料、容器、包装纸、工具等。

2）根据植物的习性配制好栽培基质，喷水使土壤的含水率为 50%~60%，注意不要用生土来栽植植物。

3）将不脱盆的几株蝴蝶兰固定在盆器中，注意要有韵律感。

4）用袖珍椰子填充空隙处，增加空间上的变化感。

5）点缀摆件，增添节日氛围。

6）在植物的底部空隙处加入包装纸，起到装饰和均衡作品的作用。

7）整理台面和地面，均匀喷水，将作品摆放在台面上。

完成各制作实例，填表 2-1。

表 2-1 节庆礼品型组合盆栽制作技能训练评分表（第______工作组组内成员打分）

| 评价项目 | 具体内容 | 分值 | 得分 | | |
|---|---|---|---|---|---|
| | | | 春的祝福 | 蝶舞新春 | 新春祝福 |
| 设计主题表达与创意 | 设计主题与节日相符 | 3 | | | |
| 植物栽植设计与应用 | 植物配植合理，习性相近 | 2 | | | |
| 色彩 | 体现节日气氛 | 2 | | | |
| 造型与技巧 | 造型丰满，富有美感 | 2 | | | |
| 清洁 | 台面、地面干净 | 1 | | | |

## 知识链接

### 1. 春节组合盆栽设计要点

春节的礼品花要以喜庆、祥和、团圆、祝福等为主题，可选用凤梨、蝴蝶兰、花烛、大花蕙兰、仙客来、石斛兰等年宵花卉作为组合盆栽的焦点花，色彩应以红色、黄色系为主色调，以营造喜庆、热闹的节日氛围。为增添节日气氛，可采用蝴蝶结、红灯笼、福字、春字等饰物作为配饰，起到画龙点睛的作用。春节组合盆栽的设计手法可采用礼品包装、架构设计、园艺设计等。

### 2. 春节组合盆栽常用主题花卉的花语

花语是人们在日常工作和生活中逐步形成的、为大众所接受的一种特殊的“语言”，用花来表示某种思想感情。因此，用花作为媒介来传递感情及用于装饰室内时，一定要理解花的寓意，这样运用起来才会恰到好处。春节组合盆栽常用主题花卉的花语见表 2-2。

表 2-2 春节组合盆栽常用主题花卉的花语

| 植物 | 花语 | 植物 | 花语 |
|---|---|---|---|
| 发财树 | 财源广进、恭喜发财 | 红星凤梨 | 吉祥如意、鸿运祥瑞 |
| 白掌 | 一帆风顺、前途无量 | 文竹 | 友谊长存 |
| 常春藤 | 万古长青 | 富贵竹 | 繁荣富强、富贵兴旺 |
| 蝴蝶兰 | 高洁清雅 | 花烛 | 似火柔情 |
| 大花蕙兰 | 丰盛祥和、高贵雍容 | 金桔 | 招财进宝、吉祥如意 |

### 3. 春节组合盆栽常用主题花卉的习性及养护要点

1）长寿花的花色品系十分丰富，有红色、桃红色、粉红色、橙色等，而且价格不高，属于大众消费品。其花期一般由每年的 11 月到来年的 4 月份，花期很长。为延长观赏期，应将其放置在光线充足的地方，如南面的阳台或窗台。

2）凤梨科植物的品种相当丰富，有数百个品种，市场上常见的有红星、黄星、紫星等星类凤梨，还有松果、火炬、红剑、莺歌等品种。凤梨是多年生常绿草本植物，喜温暖、湿润、光线好的环境，生长适宜温度为 22~30℃。凤梨虽喜欢潮湿，但土壤湿度不要过大，土壤干燥后浇水即可。

3）蝴蝶兰的花朵异常美丽，十分引人注目，是花市上的畅销花。其本身是热带花卉，喜温暖湿润环境，一般放置于室内有散射光的地方。其根是肉质根，所以不要多浇水，一般一周浇水一次即可。

4）仙客来的花期很长，养护适当的话可有四五个月的花期。其养护不难，开花后的仙客来喜欢冷凉、光线好的环境，生长适宜温度为 10~22℃。仙客来一般在冬季观赏，注意不要放在暖气片上，这会缩短其观赏期。浇水要等盆土干燥后再浇，不要浇水过多，否则容易烂根。

5）大花蕙兰是较为高档的观赏花卉，具有很高的观赏价值。大花蕙兰开花比较困难，一般是购买已开花的花卉。挑选大花蕙兰时要叶花兼顾，以叶片光洁、健康，花朵鲜艳、紧凑的为佳。大花蕙兰宜放置在温暖、有散射光的条件下。浇水不宜直接用自来水，最好将自来水放置一段时间，使水温与室温相近后再浇。

## 任务小结

通过学习，同学们掌握了春节组合盆栽的设计要点、花语及养护要点，同学们都来制作一款春节主题的组合盆栽吧。

## 佳作欣赏

分析图 2-4 中四个节庆礼品型组合盆栽作品采用的设计手法、配色方法及植物配植技巧。某礼品型组合盆栽的制作实例如图 2-5 所示。

图 2-4　节庆礼品型组合盆栽作品

某礼品型组合盆栽的制作

图 2-5 某礼品型组合盆栽的制作实例

## 任务练习

完成一件圣诞节组合盆栽作品，附设计草图、设计说明、养护要点及成品图片。

# 任务二 盆景式组合盆栽的制作

## 任务目标

1. 掌握盆景式组合盆栽的定义及特点。
2. 学会盆景式组合盆栽的设计要点，树立精益求精的工匠精神。
3. 学会设计并制作盆景式组合盆栽作品。

## 任务描述

盆景源于我国，是我国优秀传统艺术之一，它是以植物和山石为基本材料制成的艺术品，经过艺术创作和园艺栽培，在盆中集中地塑造大自然的优美景色，达到缩地成寸、小中见大的艺术效果。另外，盆景以景抒怀，表现出深远的意境，犹如立体的、美丽的、缩小版的山水风景，成为一幅“立体的画”和一首“无声的诗”。

盆景是发展较早、被大众广为了解的一种盆栽形式，但是由于价格普遍偏高，栽培技术较难掌握，所以普及程度并不高。盆景式组合盆栽的出现弥补了这些缺点，既把大自然搬回了家，又容易管理，所以一经问世就广受欢迎。请以观叶植物为主要素材，设计并制作一件摆放在书桌上的盆景式组合盆栽作品。

## 任务分析

小叶赤楠、文竹和金钻蔓绿绒都是栽植、养护很简单、粗放的植物，而且成株文静雅致，非常适合制作盆景式组合盆栽。制作时可选择广口的容器，配植好陪衬植物，再铺设苔藓，点缀些小摆件，一件再现自然景观的盆景式组合盆栽就完成了。

## 任务实施

**1. 制作实例 1**

**作品名称：**自然成趣（图 2-6）。

图 2-6　自然成趣

盆景式组合盆栽的制作（自然成趣）

**植物材料：**小叶赤楠、红网纹草、菖蒲等。

**使用容器：**陶瓷浅盆。

**设计说明：**本作品采用旱盆景设计手法，以小叶赤楠作为主题植物，以红网纹草和菖蒲作为点缀植物，作品高低错落、色彩富有变化，在山间置亭，临水有仙鹤摆件，自然成趣。

**制作步骤**（图 2-7）：

1）材料的准备，包括植物材料、容器、基质、工具等。

2）将小叶赤楠置于盆器的中部偏后位置，附于观景石旁。

3）点缀配石于主石两侧，固定要牢固。

4）点缀红网纹草。

图 2-7　“自然成趣”盆景式组合盆栽制作系列图

图 2-7 “自然成趣”盆景式组合盆栽制作系列图（续）

5）点缀菖蒲于配石旁，铺设苔藓。

6）撒白石子形成弯曲的河道，点缀摆件、喷水，作品完成。

**2. 制作实例 2**

**作品名称：**畅饮山间（图 2-8）。

图 2-8 畅饮山间

盆景式组合盆栽的制作（畅饮山间）

**植物材料：**文竹、七里香、网纹草、菖蒲等。

**使用容器：**陶瓷浅盘。

**设计说明：**本作品采用自然式配植手法，以文竹作为主题植物，以七里香作为陪衬植物，以网纹草和菖蒲作为点缀植物，株形、色彩富于变化，呈现出自然美景，又有古代人物摆件畅饮山间，深化了主题。

**制作步骤**（图 2-9）：

1）材料的准备，包括植物材料、容器、基质、工具等。

2）将文竹置于容器的中部偏后一侧位置，附上沉木。

3）七里香附于沉木边，点缀网纹草和菖蒲。

4）铺设苔藓，撒细沙铺设河道。

5）点缀摆件、喷水，作品完成。

图 2-9 “畅饮山间”盆景式组合盆栽制作系列图

**3. 制作实例 3**

**作品名称：**乐逍遥（图 2-10）。

**植物材料：**金钻蔓绿绒、黑金刚（印度榕）、钮扣蕨等。

**使用容器：**仿木浅盆。

**设计说明：**本作品采用自然式配植手法，以金钻蔓绿绒作为背景植物，以黑金刚和钮扣蕨作为点缀植物，使株形、色彩富于变化；以逍遥自在的小和尚摆件为视觉中心，体现人与自然和谐宁静的景象。

图 2-10 乐逍遥

**制作步骤：**

1）材料的准备，包括植物材料、容器、基质、工具等。

2）将配置好的基质放入容器内，用量为容器容积的 2/3。

3）按设计将金钻蔓绿绒栽植在容器的中心偏右一侧。

4）将陪衬植物配植在适当的位置，注意要自然得体。

5）铺设苔藓，苔藓之间要衔接好，要做到平整自然。

6）在金钻蔓绿绒下摆放小和尚摆件和配石。

7）整理台面和地面，均匀喷水，将作品摆放在台面上。

**4. 制作实例 4**

**作品名称：**觅知音（图 2-11）。

**植物材料：**榔榆、袖珍椰子、菖蒲等。

**使用容器：**陶瓷浅盆。

**设计说明：**本作品采用自然式配植手法，以榔榆作为背景植物，以袖珍椰子作为陪衬植物，以菖蒲作为点缀植物，再配以观景石，作品地形高低起伏、富有变化；以弹奏古筝的古人摆件作为视觉中心，整个作品意境深邃、余味绵长。

**制作步骤：**

1）材料的准备，包括植物材料、容器、基质、工具等。

2）将配置好的基质放入容器内，用量为容器容积的 2/3。

3）按设计将榔榆栽植在容器的中心偏右一侧。

4）点缀好观景石，使地形高低起伏；将陪衬植物与观景石相伴，自然得体。

5）铺设苔藓，苔藓之间要衔接好，要做到平整自然。

图 2-11 觅知音

6）在观景石前点缀菖蒲，并摆放古人弹琴摆件。

7）整理台面和地面，均匀喷水，将作品摆放在台面上。

**5. 制作实例 5**

**作品名称：**雅趣（图 2-12）。

**植物材料：**小叶紫檀、花叶络石、红网纹草等。

**使用容器**：方形陶瓷浅盆。

**设计说明**：本作品采用水旱盆景的设计手法，以小叶紫檀作为背景植物，以自然的方式配置观景石，作品地形高低起伏、富有变化；以花叶络石作为陪衬植物，以红网纹草作为点缀植物，增加了作品的层次感和景深。作品完成后，小桥流水，两位长者溪边畅谈，好不惬意。

**制作步骤**：

1）材料的准备，包括植物材料、容器、基质、工具等。

2）将配置好的基质放入容器内，用量为容器容积的 2/3。

3）按设计先将小叶紫檀栽植在容器中作为背景植物，并附以观景石。

4）栽植花叶络石，同时配置好观景石。

5）铺设苔藓，并用细沙制成“河流”。

6）点缀摆件，完善作品。

7）整理台面和地面，均匀喷水，将作品摆放在台面上。

图 2-12　雅趣

完成各制作实例，填表 2-3。

**表 2-3　盆景式组合盆栽制作技能训练评分表**（第______工作组组内成员打分）

| 评价项目 | 具体内容 | 分值 | 得分 | | | | |
|---|---|---|---|---|---|---|---|
| | | | 自然成趣 | 畅饮山间 | 乐逍遥 | 觅知音 | 雅趣 |
| 设计主题表达与创意 | 设计主题切题，富有创意 | 3 | | | | | |
| 植物栽植设计与应用 | 植物配置合理，习性相近 | 2 | | | | | |
| 色彩 | 色彩协调 | 2 | | | | | |
| 造型与技巧 | 造型优美，构图自然 | 2 | | | | | |
| 清洁 | 台面、地面干净 | 1 | | | | | |

## 知识链接

### 1. 盆景式组合盆栽的定义

盆景式组合盆栽是指采用盆景的布局手法，将三种以上的植物与山石配置在一起，再现自然景观于盆钵之中，是一种快速成型的盆景形式。盆景式组合盆栽具有成形快、色彩雅致、设计感强烈、占据空间小、易于搬动等优点，既可采用旱盆景的布局手法，也可采用水旱盆景的布局手法。

### 2. 盆景式组合盆栽的设计要点

盆景式组合盆栽的主题植物要选择姿态优美，根、干奇特，花果艳丽，易于造型的植物，既可草本又可木本，并与观景石配置在一起，造型宜简不宜繁。盆景式组合盆栽一般采用造景设计手法，以少胜多，达到缩龙成寸的艺术效果。

容器多采用广口的盘或盆，这样会为创作提供更为宽阔的空间。另外，摆件的选择也很重要，要选择精致且较为高档的摆件，以提升作品的艺术品位和艺术效果。

## 任务小结

通过学习，同学们掌握了盆景式组合盆栽的定义，学会了盆景式组合盆栽的设计和制作要点，同学们也来制作一款盆景式组合盆栽吧。

## 佳作欣赏

分析图 2-13 中四个盆景式组合盆栽作品采用的设计手法、配色方法及植物配植技巧。某盆景式组合盆栽的制作实例如图 2-14 所示。

某盆景式组合盆栽的制作

图 2-13　盆景式组合盆栽系列作品

图 2-14　某盆景式组合盆栽的制作实例

## 任务练习

1. 什么是盆景式组合盆栽？组合盆栽在设计和栽植时需要注意哪些问题？
2. 设计并制作一款小型的盆景式组合盆栽作品，附设计草图、设计说明及作品图片。

# 任务三　架构式组合盆栽的制作

## 任务目标

1. 掌握架构式组合盆栽的定义及特点。
2. 学会架构式组合盆栽的设计要点。
3. 学会设计并制作架构式组合盆栽作品。

## 任务描述

制作一件采用架构式设计手法制作的组合盆栽作品，展现大自然的美景。

## 任务分析

采用架构式设计时，先要围绕主题确定适合的架构材料，再选择与架构相协调的主体植物，以再现自然美景，使枯木逢春，给枯木架构赋予新的生命。

## 任务实施

**1. 制作实例 1**

**作品名称：**静谧（图 2-15）。

**植物材料：**蝴蝶兰、吊兰、石菖蒲、翡翠珠等。

**使用容器：**沉木。

**设计说明：**本作品采用架构式设计手法，表现出美的设计理念，将花艺比赛常用的金属框架作为架构材料，将沉木固定其上，模拟蝴蝶兰的自然生活环境；作品的底层设计采用日式的枯山水景造园手法，显得宁静。整个作品层次分明、上下呼应、造型优美、意境深邃。

**制作步骤：**

1）材料的准备，包括架构材料、植物材料、容器、基质、工具等。

2）将沉木用金属丝固定在架构材料上。

图 2-15　静谧

3）按设计将观景石和苔藓固定在底层容器中。

4）栽植主体植物蝴蝶兰，栽植时要富有变化与呼应。

5）栽植点缀植物吊兰、石菖蒲、翡翠珠，起到衬托和增加线条美的作用。

6）在作品的底层铺设白沙作为水系，用专用工具勾勒出水波纹。

7）整理台面和地面，均匀喷水，将作品摆放在台面上。

**2. 制作实例 2**

**作品名称：**鸣春（图 2-16）。

**植物材料：**发财树、白网纹草、袖珍椰子、黑叶芋、空气凤梨、小叶椒草等。

**使用容器：**陶瓷盆器。

图 2-16 鸣春

**设计说明：**本作品为架构式设计，表现出美的设计理念，采用枯木作为架构材料，其上点缀苔藓及空气凤梨，使枯木焕发出生机并形成框景；以袖珍椰子作为陪衬植物，烘托前景设计；观景石自然散置。整个作品层次分明，采用架构式设计使作品更显出灵动感。

**制作步骤：**

1）材料的准备，包括架构材料、植物材料、容器、基质、工具等。

2）固定好架构材料，栽植背景植物。

3）观景石采用自然式配置，然后栽植陪衬植物及点缀植物。

4）铺设苔藓，枯木上点缀小鸟摆件、空气凤梨。

5）整理台面和地面，均匀喷水，将作品摆放在台面上。

**3. 制作实例 3**

**作品名称：**和谐自然（图 2-17）。

**植物材料：**蝴蝶兰、白网纹草、猪笼草、文竹等。

**使用容器：**陶瓷浅盆。

图 2-17 和谐自然

**设计说明：**本设计采用架构式设计手法，表现出美的设计理念，用枯枝作为架构材料，附上猪笼草，模拟自然生长状态；以蝴蝶兰作为主体植物，采用自然式配置，与桥、亭摆件融合在一起，呈现一派自然景象。整个作品层次分明，色彩上下呼应，采用架构式设计使作品更显出灵动感。

**制作步骤：**

1）材料的准备，包括架构材料、植物材料、容器、基质、工具等。

2）将配置好的基质放入容器内，用量为容器容积的 2/3。

3）按设计在容器内固定枯木架构，要保证固定牢固。

4）栽植主体植物蝴蝶兰，栽植时要富有变化与呼应。

5）栽植背景植物文竹，起到衬托作用。

6）将猪笼草的根系用浸湿的水苔包裹后，固定在枯木上，用绿色铁丝固定。

7）将陪衬植物白网纹草配植在适当的位置，注意要自然得体。

8）铺设苔藓，苔藓之间要衔接好，要做到平整自然。

9）铺设白沙作为水系，配置亭、桥等摆件。

10）整理台面和地面，均匀喷水，将作品摆放在台面上。

**4. 制作实例 4**

**作品名称：**鸟语花香（图 2-18）

**植物材料：**蝴蝶兰、文竹、石菖蒲、白蝴蝶合果芋、狼尾蕨、长寿花等。

**使用容器：**紫砂浅盆。

**设计说明：**本作品采用架构式设计手法，用沉木作为架构材料搭建出双层空间，增强了作品的空间感和立体感；用文竹作为背景植物，蝴蝶兰与之呼应，这种组合富有灵动感和韵律感；再用石菖蒲、白蝴蝶、合果芋、狼尾蕨、长寿花加以陪衬，黄色的长寿花与黄色的蝴蝶兰互为呼应，整个作品“小溪潺潺、鸟语花香”，一派自然美景尽收眼底。

**制作步骤：**

1）材料的准备，包括架构材料、植物材料、容器、基质、工具等。

2）将沉木用胶水固定在容器中，注意沉木之间要固定好。

3）按设计将文竹栽植在架构材料的后面，以增加景深。

4）在沉木上栽植主体植物蝴蝶兰，注意要有韵律感，并做到相互呼应。

5）栽植石菖蒲、白蝴蝶合果芋、狼尾蕨、长寿花，起到陪衬和装饰沉木的作用。

6）在容器底层铺设白沙作为水系，同时铺设苔藓并点缀小鸟摆件，完善作品。

7）整理台面和地面，均匀喷水，将作品摆放在台面上。

图 2-18 鸟语花香

完成各制作实例，填表 2-4。

**表 2-4 架构式组合盆栽制作技能训练评分表**（第______工作组组内成员打分）

| 评价项目 | 具体内容 | 分值 | 得分 | | | |
|---|---|---|---|---|---|---|
| | | | 静谧 | 鸣春 | 和谐自然 | 鸟语花香 |
| 设计主题表达与创意 | 设计主题切题，富有创意 | 3 | | | | |
| 植物栽植设计与应用 | 植物配置合理，习性相近 | 2 | | | | |
| 色彩 | 色彩协调，主次分明 | 2 | | | | |
| 造型与技巧 | 造型优美，架构牢固，富有创意 | 2 | | | | |
| 清洁 | 台面、地面干净 | 1 | | | | |

## 知识链接

### 1. 架构式组合盆栽的定义

架构式组合盆栽通过花艺的手法，将多种植物栽植在一起，采用架构式结构，使植物之间，植物与容器、架构之间相呼应，并与整体相协调，表现出色彩、质感、线条的统一，同时又富有层次变化，是一种集群绿植装饰方法。

### 2. 架构式组合盆栽的优点

随着人们审美需求的不断提高，单一层面的组合盆栽空间设计已很难满足设计的需要，更加具有立体感和空间感的架构式组合盆栽应运而生，但目前的架构式组合盆栽多用于参赛，在花卉消费市场中尚属于导入期。不过，随着架构式组合盆栽的不断推陈出新，更多的好作品出现在世人眼前，有助于花卉市场的蓬勃发展。

架构式组合盆栽不仅增大了作品的空间感，也增添了花卉的层次感，起到室内立面装饰的效果，具有设计感和视觉冲击力。

### 3. 架构式组合盆栽的设计要点

当前，较为流行的架构式组合盆栽的形式有铁艺、木艺、竹艺三种，以其新颖的花艺设计给人耳目一新的感觉。在设计和制作架构式组合盆栽时，一般要先确定主题，植物、容器、架构都要围绕这个主题，这样才会使组合盆栽中的各个要素和谐统一。

## 任务小结

通过学习，同学们掌握了架构式组合盆栽的定义及特点，学会了架构式组合盆栽的设计和制作要点，同学们也来制作一款样式新颖的架构式组合盆栽吧。

## 佳作欣赏

分析图 2-19 中四个架构式组合盆栽作品采用的设计手法、配色方法及植物配植技巧。某架构式组合盆栽的制作实例如图 2-20 所示。

图 2-19　架构式组合盆栽系列作品

某架构式组合盆栽的制作

图 2-20　某架构式组合盆栽的制作实例

## 任务练习

1. 什么是架构式组合盆栽？架构式组合盆栽在设计和制作时需要注意哪些问题？
2. 设计一款用竹筒作为架构的架构式组合盆栽作品，附设计草图、设计说明及作品图片。

# 任务四　苔藓微景观的制作

## 任务目标

1. 掌握苔藓微景观的定义及特点。
2. 学会正确选择苔藓微景观的植物及摆件。
3. 学会设计并制作苔藓微景观作品，并学会如何正确养护作品。

## 任务描述

苔藓微景观是一种非常受欢迎的微型组合盆栽，它能在小小的玻璃容器里展现出大自然的美丽，让人们足不出户却仿佛置身于大自然之中。苔藓微景观选材广泛、制作简单，是赠送亲友的佳品，受到了年轻人的喜爱。请制作一件表现出意境美的苔藓微景观作品。

## 任务分析

表现意境美是苔藓微景观造景设计的基本手法，要通过不同植物的配植来体现自然植物的高低起伏变化，摆件可以起到深化主题的作用。

## 任务实施

**1. 制作实例 1**

**作品名称：**我爱我家（图 2-21）。

**植物材料：**银线蕨、白网纹草、红网纹草、狼尾蕨、苔藓（水苔）等。

**使用容器：**玻璃景观瓶。

**设计说明：**本作品围绕卡通人物机器猫进行设计，展现了美丽家园的场景，使人观赏后心感温暖并充满童趣。该作品制作简单，适合家庭成员一同制作或自己动手制作，是馈赠亲友的佳品。

图 2-21　我爱我家

**制作步骤：**

1）将石子填入提前准备好的玻璃景观瓶里，作为疏水层。

2）将水苔在温水中浸泡，待水苔吸足水后取出，然后用手攥干；将水苔铺在石子上，铺设高度约为 1 厘米，作为隔离层。

3）用手将水苔压实。

4）在水苔上填入湿润的提前配制好的基质。

5）按照设计，用镊子栽植狼尾蕨作为背景植物。

6）栽植陪衬植物银线蕨、红网纹草、白网纹草。

7）再次铺设水苔，形成地形起伏变化。

8）点缀摆件。

**2. 制作实例 2**

**作品名称：**对弈（图 2-22）。

**植物材料：**水杉、苔藓（水苔）、红网纹草、白网纹草、幸福草等。

**使用容器：**圆筒形玻璃缸。

**设计说明：**本作品采用造景式设计手法，以水杉为背景，高低起伏的山间有“两位长者”在对弈，一派祥和的景象。

图 2-22　对弈

**制作步骤：**

1）将小石子填入提前准备好的圆筒形玻璃缸里，高度为 1~2 厘米，作为疏水层。

2）将水苔在温水中浸泡，待水苔吸足水后取出，然后用手攥干；将水苔铺在石子上，铺设高度约为 1 厘米，作为隔离层。

3）用手将水苔压实。

4）在水苔上填入湿润的提前配制好的基质。

5）按照设计，用镊子栽植水杉作为背景植物。

6）栽植陪衬植物幸福草、红网纹草、白网纹草。

7）再次铺设水苔，形成地形起伏变化。

8）点缀摆件。

**3. 制作实例 3**

**作品名称：**快乐小和尚（图 2-23）。

**植物材料：**文竹、罗汉松、网纹草、苔藓（水苔）等。

**使用容器：**长方形玻璃缸。

**设计说明：**本作品采用造景式设计手法，以文竹、罗汉松为背景，高低起伏的山间“小溪潺潺”，一派和谐自然的景象，“小和尚”陶醉其中。

图 2-23　快乐小和尚

**制作步骤：**

1）将小石子填入提前准备好的长方形玻璃缸里，高度为 1~2 厘米，作为疏水层。

2）将水苔在温水中浸泡，待水苔吸足水后取出，然后用手攥干；将水苔铺在石子上，铺设高度为 1 厘米，作为隔离层。

3）用手将水苔压实。

4）在水苔上填入湿润的提前配制好的基质。

5）按照设计，用镊子栽植背景植物文竹、罗汉松。

6）栽植点缀植物网纹草等。

7）再次铺设水苔，形成地形起伏变化。

8）铺设装饰砂，形成小溪，点缀小和尚摆件。

**4. 制作实例 4**

**作品名称：**山间垂钓（图 2-24）。

**植物材料：**罗汉松、菖蒲、珍珠草、苔藓等。

**使用容器：**长方形玻璃缸。

**设计说明：**本作品采用山石盆景设计手法，以观景石布局成两山对峙的峡谷，山间“小溪”潺潺流过，“钓鱼翁”自在逍遥且陶醉其中。

**制作步骤：**

1）按照设计，配置观景石呈两山对峙之势；再点缀罗汉松、菖蒲、珍珠草于观景石上，令作品富有生机。

图 2-24　山间垂钓

2）铺设苔藓，形成地形的起伏变化。

3）铺设白色铺面石，形成迂回曲折的水系。

4）点缀钓鱼翁摆件，浇水。

**5. 制作实例 5**

**作品名称：**山间小溪（图 2-25）。

**植物材料：**狼尾蕨、罗汉松、网纹草、苔藓（水苔）等。

**使用容器：**圆筒形玻璃缸。

**设计说明：**本作品采用山石盆景设计手法，以罗汉松、狼尾蕨为背景，高低起伏的山间有“马儿”在饮水，网纹草的加入增添了作品的亮点。

**制作步骤：**

1）将小石子填入提前准备好的圆筒形玻璃缸里，高度为 1~2 厘米，作为疏水层。

2）将水苔在温水中浸泡，待水苔吸足水后取出，然后用手攥干；将水苔铺在石子上，铺设高度为 1 厘米，作为隔离层。

3）用手将水苔压实。

4）在水苔上填入湿润的提前配制好的基质。

5）按照设计配置观景石，用镊子栽植背景植物罗汉松、狼尾蕨。

6）栽植点缀植物网纹草等。

7）再次铺设水苔，形成地形起伏变化。

8）铺设白色铺面石，形成小溪，点缀马儿摆件。

完成各制作实例，填表 2-5。

图 2-25 山间小溪

**表 2-5 苔藓微景观制作技能训练评分表**（第______工作组组内成员打分）

| 评价项目 | 具体内容 | 分值 | 得分 | | | | |
|---|---|---|---|---|---|---|---|
| | | | 我爱我家 | 对弈 | 快乐小和尚 | 山间垂钓 | 山间小溪 |
| 设计主题表达与创意 | 深化设计主题，富有趣味性 | 3 | | | | | |
| 植物栽植设计与应用 | 疏水层、隔离层处理符合要求，植物习性符合要求 | 2 | | | | | |
| 色彩 | 色彩协调 | 2 | | | | | |
| 造型与技巧 | 造型优美，富有意境美 | 2 | | | | | |
| 清洁 | 台面、地面干净 | 1 | | | | | |

## 知识链接

**1. 苔藓微景观的定义**

苔藓微景观是在玻璃容器中栽植苔藓、蕨类、小型草本等类型的植物，同时搭配山石、主题玩偶等各类饰品，运用美学设计原理搭建的一个盆栽微世界。

**2. 适合制作苔藓微景观的植物**

可以制作苔藓微景观的观赏植物有很多，但只有枝叶精致、小巧的植物种类才能在方寸间展示自然景观。制作苔藓微景观时，一般选择密封或孔洞较小的玻璃容器，并选择一些体形小、生长缓慢、耐阴、相对喜湿的植物，比如苔藓、蕨类植物、网纹草、椒草等。

**3. 获得苔藓的途径**

苔藓可在花卉市场买到，但是最好的获得办法是自己去野外采集，城市公园的林下、小石板路的缝隙里就有。

**4. 苔藓微景观的制作步骤**

苔藓微景观的制作步骤为：选用适合的容器，在容器内先后铺设疏水层、隔离层、基质；然后铺设新鲜的苔藓，再植入背景植物，用装饰砂和装饰石进行点缀；最后搭配适合的摆件即可。在制作过程中，应遵循基本的美学设计原理，注意营造容器中的空间感和透视感，构图上一般遵循上紧下松、前紧后松的原则，并对场景边缘进行融合处理，这是增强容器中空间感和透视感的关键。

苔藓微景观体量较小，要求精细制作，要精细到处理好每一棵植物的大小、位置、高低、朝向等问题的程度，要做到既要关注整体也要注重细节，这才是工匠精神的体现。

**5. 苔藓微景观的养护方法**

1）苔藓微景观的放置环境要保持一定的湿度，要通风透气，要有适度的光照，千万不能放在过于荫蔽处，最好是有一定的散射光线或半阴的环境。

2）可每天喷水多次，但不可一次浇过多的水，保持苔藓表面湿润即可。

3）苔藓与其他植物不同，它的根部基本只起到攀附固定植株的作用，不起吸收水分和营养的作用，主要依靠叶片吸收空气中的水和养分。空气湿度不够的话，苔藓就会自动进入休眠状态，此时颜色变成灰绿色，但这并不是说枯死了；喷上水后，湿度升高，很快就会恢复绿色。

**6. 选择苔藓微景观中的摆件**

常见的苔藓微景观，其造景用的摆件玩偶以龙猫系列最为常见，可爱的龙猫、奔跑的小梅等都是经典的苔藓微景观的摆件搭配。另外，小桥、小蘑菇、沉木、小栅栏、鹅卵石等都是常用的摆件。这些小摆件应用到苔藓微景观的布景中，起到丰富景观的作用。

## 任务小结

通过学习，同学们掌握了苔藓微景观的定义及特点，学会了苔藓微景观的制作步骤及养护要点，接下来同学们也来制作一款苔藓微景观吧。

## 佳作欣赏

分析图 2-26 中苔藓微景观作品采用的设计手法、配色方法及植物配植技巧。

## 任务练习

1. 什么是苔藓微景观？哪些植物适用于苔藓微景观的制作？
2. 制作一件苔藓微景观作品，附设计草图、设计说明及作品图片。

图 2-26　苔藓微景观系列作品

图 2-26 苔藓微景观系列作品（续）

# 任务五 多肉植物组合盆栽的制作

## 任务目标

1. 掌握多肉植物组合盆栽的定义及特点。
2. 学会设计并制作多肉植物组合盆栽作品。
3. 学会正确养护多肉植物组合盆栽作品。

## 任务描述

多肉植物的种类十分丰富，以其独特的形态及粗放的日常管理而备受年轻人的喜爱。多肉植物组合盆栽以绚丽多彩的仙人掌科多肉植物作为基础，配以石莲花、观赏凤梨等“懒人植物”，营造出一种沙漠情怀，给人别样的视觉享受。制作一款多肉植物组合盆栽作品，营造出朴实自然的特点，作品设计要富有创意。

## 任务分析

为了营造出朴实自然的特点，可以利用枯木或造景石作为栽植植物的容器或载体，再配植植物，以再现自然景观。

## 任务实施

**1. 制作实例 1**

**作品名称：**逍遥行（图 2-27）。

**植物材料：**各类多肉植物。

**使用容器：**方形透明玻璃容器。

**设计说明：**本作品以方形透明玻璃容器盛装基质，其上放置沉木形成富于变化的山形，再配植形态各异的多肉植物，最后点缀小和尚摆件和卵石小路，仿佛小和尚在广阔无边的丛林山地中旅行，累了打坐休息，紧扣了“逍遥”主题。

**制作步骤：**

1）根据植物习性配制基质、固定沉木，形成富有变化的山形。

2）在沉木上点缀多肉植物（注意要用浸湿的水苔包裹住经过修剪了的植物根系），并用细铝丝将多肉植物固定于沉木上。

3）调整多肉植物的位置，要高低错落、疏密有致，株形要富于变化，这样才能使作品有层次感。

4）用毛刷清理干净沉木，点缀小和尚摆件和卵石小路，作品完成。

图 2-27　逍遥行

多肉植物组合盆栽的制作（逍遥行）

**2. 制作实例 2**

**作品名称：**放飞自我（图 2-28）。

**植物材料：**各类多肉植物。

**使用容器：**鸟笼容器。

**设计说明：**本作品以鸟笼作为容器，配植形态各异的多肉植物。作品完成后，向外延伸的枯木上的“小鸟”，冲出鸟笼，放飞自我。

**制作步骤：**

1）将大小合适的浅盘固定在鸟笼内，鸟笼底部的外侧缠绕麻绳，遮挡住里面的浅盘。

2）在浅盘内放入提前配制好的基质。

3）将沉木固定在浅盘内的基质中，注意要固定牢固。

4）按设计栽入多肉植物。

5）放好摆件。

6）整理作品，清理台面及地面，摆放作品。

图 2-28　放飞自我

**3. 制作实例 3**

**作品名称：** 逸趣（图 2-29）。

**植物材料：** 各类多肉植物。

**使用容器：** 塑料盆器及陶罐。

**设计说明：** 本作品中随意放置的陶罐，散置的观景石，在枯木上栖息的“小鸟”，多肉植物点缀其中，一幅闲逸而富有情趣的画面展现在眼前。

图 2-29 逸趣

**制作步骤：**

1）在塑料盆内放入提前配制好的基质。

2）将枯木和两个陶罐按设计固定在塑料盆中。

3）散置观景石在塑料盆内。

4）按设计栽入多肉植物。

5）放好摆件。

6）整理作品，清理台面及地面，摆放作品。

完成各制作实例，填表 2-6。

**表 2-6 多肉植物组合盆栽制作技能训练评分表**（第______工作组组内成员打分）

| 评价项目 | 具体内容 | 分值 | 得分 | | |
|---|---|---|---|---|---|
| | | | 逍遥行 | 放飞自我 | 逸趣 |
| 设计主题表达与创意 | 设计主题切题，富有创意 | 3 | | | |
| 植物栽植设计与应用 | 植物配置合理，习性相近 | 2 | | | |
| 色彩 | 色彩协调 | 2 | | | |
| 造型与技巧 | 新颖别致 | 2 | | | |
| 清洁 | 台面、地面干净 | 1 | | | |

## 知识链接

**1. 什么是多肉植物？**

多肉植物是指植物的根、茎、叶三种营养器官中，只有叶是肥厚多汁的，并具备储存大量水分的功能，这种植物又称为多浆植物。

全世界共有多肉植物上万余种，在植物分类上分属数十个科，因此可供选择的品种有很多。多肉植物中最为人们熟知的就是仙人掌了，不过并不是所有的多肉植物都像仙人掌那样遍身长着利刺，没有刺的多肉植物看起来更加圆润可爱。

**2. 多肉植物组合盆栽制作、养护需注意的问题**

多肉植物对温度、阳光、土壤没有什么特殊的要求，室内室外均可种植。多肉植物有很多外形小巧的种类，占用的空间非常小，甚至一个小茶杯就可以成为多肉植物的容器，所以多肉植物非常适合用于制作组合盆栽。多肉植物组合盆栽在制作和养护的过程中有以下需要注意的问题：

（1）土壤消毒

多肉植物在湿热的环境下容易腐烂，并容易滋生蚧壳虫等虫害，所以栽培多肉植物的培养土应提前消毒。消毒最简单的方法就是将培养土放在微波炉里加热，加热 2~3 分钟即可消灭虫害。

（2）修根

刚买的多肉植物的根系很多是枯萎的，所以在栽植之前应将枯萎的根系剪掉，将干枯的叶片掰掉，以免引起腐烂。修完根的多肉植物先在阴凉处放置 2 天，待伤口愈合后就可以栽植了。

（3）了解多肉植物的生态习性

不同类型的多肉植物，生长速度、生长旺盛期各不相同，制作组合盆栽时应先了解植物的生态习性，将生态习性相近的多肉植物组合在一起。

（4）选颜色

多肉植物除了常见的绿色外，还有蓝色、紫色、黄色、橙色、红色和银色等，在设计与制作组合盆栽时，可根据需要选择。注意有些彩色多肉植物在不同环境下的颜色会有不同，大多数彩色多肉植物的颜色在光照充足、昼夜温差大时十分鲜艳。

（5）用镊子进行操作

很多多肉植物的叶片表面有蜡粉，叶片碰到其他物体后会在叶片表面留下印记，影响美观，所以最好用镊子进行操作。

（6）少浇水

多肉植物耐旱，如果浇水过多会出现烂根的现象，所以要等到土壤已经干燥数日后再给植物浇水。夏季放在室外的多肉植物组合盆栽，要避免遭受雨水的侵袭，避免土壤积水。

（7）排水要好

制作多肉植物组合盆栽时，排水层应做厚一些，因为多肉植物的根系怕积水。

## 任务小结

通过学习，同学们掌握了多肉植物组合盆栽的定义，了解了多肉植物组合盆栽在制作、养护时需注意的问题，接下来同学们也来制作一款多肉植物组合盆栽吧。

## 佳作欣赏

分析图 2-30 中四个多肉植物组合盆栽作品采用的设计手法、配色方法及植物配植技巧。

图 2-30　多肉植物组合盆栽系列作品

图 2-30　多肉植物组合盆栽系列作品（续）

## 任务练习

设计一件多肉植物组合盆栽作品，送给同学作为生日礼物，附设计草图、设计说明及作品图片。

# 任务六　枯木类组合盆栽的制作

## 任务目标

1. 掌握枯木的使用方法。
2. 学会枯木类组合盆栽的制作步骤。
3. 学会设计并制作枯木类组合盆栽作品。

## 任务描述

枯木经过岁月的洗礼后，散发着大自然原始的幽香，将枯木经过修饰、处理后作为架构或配饰，让它与植物相遇，制成枯木类组合盆栽，迎来生命的第二春，让周围环境在大自然与都市之间自由切换。

## 任务分析

枯木在作为架构或配饰前需要先进行处理，处理好之后就可以在其上栽种植物了。

## 任务实施

### 1. 制作实例 1

**作品名称：**舞动（图 2-31）。

**植物材料：**蝴蝶兰、黄星凤梨、空气凤梨、常春藤、袖珍椰子、红网纹草、铁线蕨等。

**使用容器：**仿木陶盆。

**设计说明：**本作品由涂装成白色的枯木构建空间，配上空气凤梨作为垂饰，两枝蝴蝶兰似蝴蝶般翩翩起舞，整个作品以黄星凤梨为焦点，以常春藤活跃画面，色彩淡雅而清新。

**制作步骤：**

1）根据植物的习性配制栽培基质，将基质装入盆内，高度适当。

2）将处理好的枯木固定在盆内，要确保稳定、牢固。

3）栽植主体植物蝴蝶兰和焦点植物黄星凤梨。

4）将陪衬植物点缀在适当位置。

5）在枯木上固定好空气凤梨，作品完成。

6）整理作品，清理台面及地面，摆放作品。

图 2-31　舞动

**2. 制作实例 2**

**作品名称：**浪漫的日子（图 2-32）。

**植物材料：**文心兰、铁兰（紫花凤梨）、微型月季、铜钱草等。

**使用容器：**陶盆。

**设计说明：**本作品中的文心兰附于枯木边，以铁兰为焦点，以微型月季为点缀，下部空间以卵石填充，作品的整体色彩温馨而浪漫。

**制作步骤：**

1）根据植物的习性配制栽培基质，将基质装入盆内，高度适当。

2）将处理好的枯木固定在盆内，要确保稳定、牢固。

3）栽植主体植物文心兰。

4）栽植焦点植物铁兰。

5）在适当位置栽植陪衬植物和填充植物。

6）铺设苔藓，点缀卵石，作品完成。

7）整理作品，清理台面及地面，摆放作品。

图 2-32　浪漫的日子

**3. 制作实例 3**

**作品名称：**劲舞（图 2-33）。

**植物材料：**文心兰、迷你仙客来、文竹。

**使用容器：**篮器。

**设计说明：**本作品中的文心兰附于枯木边，以迷你仙客来为焦点，以文竹为背景，整个作品富有动感，似在劲风中舞动。

**制作步骤：**

1）根据植物的习性配制栽培基质，将基质装入篮器内，高度适当。

2）将处理好的枯木固定在篮器内，要确保稳定、牢固

3）栽植背景植物文竹。

4）栽植主题植物文心兰。

5）在适当位置栽植焦点植物迷你仙客来。

6）铺设苔藓，作品完成。

7）整理作品，清理台面及地面，摆放作品。

图 2-33 劲舞

图 2-34 顾盼

**4. 制作实例 4**

**作品名称：**顾盼（图 2-34）。

**植物材料：**蝴蝶兰、白鹤芋、石竹、红网纹草、狼尾蕨等。

**使用容器：**陶瓷盆器。

**设计说明：**本作品采用容器组合设计手法，增添了作品的趣味性。作品中的两块树皮似两山对峙，两只蝴蝶兰互相顾盼呼应，两只“小鸟”互为守望，一派祥和美图。

**制作步骤：**

1）根据植物的习性配制栽培基质，将基质装入容器内，高度适当。

2）将两块树皮固定在基质中，要确保稳定、牢固，同时将装饰小盆倾卧于基质中。

3）按设计栽植主题植物蝴蝶兰，以及陪衬植物白鹤芋、狼尾蕨，以增加层次感。

4）栽植点缀植物石竹及红网纹草，在色彩上做到上下呼应。

5）铺设苔藓，点缀小鸟摆件，完成作品。

6）整理作品，清理台面及地面，摆放作品。

**5. 制作实例 5**

**作品名称：**谧境（图 2-35）。

**植物材料：**石斛兰、红网纹草、狼尾蕨等。

**使用容器：**陶瓷盆器。

**设计说明：**本作品采用架构式设计手法，增添了作品的立体感、空间感。石斛兰等植物附生在枯木上，又有“小溪”流淌，展现出空谷谧境的景象。

**制作步骤：**

1）根据植物的习性配制栽培基质，将基质装入容器内，高度适当。

2）将枯木固定在基质中，要确保稳定、牢固。

3）按设计栽植主题植物石斛兰于枯木上，同时栽植陪衬植物狼尾蕨。注意石斛兰和狼尾蕨均需用水苔包裹根系，并用细铝丝固定。

枯木类组合盆栽的制作（谧境）

图 2-35　谧境

4）栽植点缀植物红网纹草，以便在色彩上做到上下呼应。

5）铺设苔藓及铺面石，形成蜿蜒曲折的河流，点缀小鸟摆件，完成作品。

6）整理作品，清理台面及地面，摆放作品。

**6. 制作实例 6**

**作品名称：**兰生幽处（图 2-36）。

**植物材料：**文竹、蝴蝶兰、铁兰、鸟巢蕨、红网纹草等。

**使用容器：**仿石盆器。

图 2-36　兰生幽处

**设计说明：**本作品采用自然配置的设计手法，以文竹增添虚幻的效果，使作品虚实结合；蝴蝶兰附于枯木旁，与铁兰相呼应。整个作品层次感很强，展现了兰生幽静之处的自然景观。

**制作步骤：**

1）根据植物的习性配制栽培基质，将基质装入容器内，高度适当。

2）将树皮固定在基质内，要确保稳定、牢固，然后将观景石按设计放置好。

3）按设计栽植背景植物文竹。

4）栽植主题植物蝴蝶兰，以及陪衬植物鸟巢蕨、铁兰，以增加层次感。

5）栽植点缀植物红网纹草，以便在色彩上做到上下呼应。

6）铺设苔藓及蓝色彩砂，形成小溪，然后点缀天鹅摆件，完成作品。

7）整理作品，清理台面及地面，摆放作品。

完成各制作实例，分别填表 2-7。

**表 2-7 枯木类组合盆栽制作技能训练评分表**（第______工作组组内成员打分）

| 评价项目 | 具体内容 | 分值 | 得分 | | | | | |
|---|---|---|---|---|---|---|---|---|
| | | | 舞动 | 浪漫的日子 | 劲舞 | 顾盼 | 谧境 | 兰生幽处 |
| 设计主题表达与创意 | 深化设计主题，富有创新 | 3 | | | | | | |
| 植物栽植设计与应用 | 植物配置合理，习性相近，枯木稳固 | 2 | | | | | | |
| 色彩 | 色彩协调 | 2 | | | | | | |
| 造型与技巧 | 造型优美，富有意境美；造型立体感、层次感强 | 2 | | | | | | |
| 清洁 | 台面、地面干净 | 1 | | | | | | |

## 知识链接

### 1. 枯木的使用方法

枯木作为架构或空间构成的优秀材料，倍受创作者的青睐，广泛使用在各类组合盆栽创作中，在大赛中经常见到枯木类作品。枯木在使用前，要根据构图需要进行适当的截取及修剪，并做好清洁工作。

枯木的固定，可用胶水或螺钉将大体量的枯木固定在容器内，小体量的枯木可以直接固定在盆土中。另外，在枯木上固定附生植物时，要将植物的根系用浸湿的水苔包裹好，然后根据设计将植物用绿色铁丝固定在枯木上。

### 2. 枯木类组合盆栽的制作步骤

1）根据设计对枯木进行修剪及清理，再根据造型要求进行绑扎、粘合、挖孔、铺垫等操作。

2）根据植物的习性配制好栽培基质，然后将基质装入容器中。

3）将枯木固定在装好基质的容器中。

4）按设计方案依次栽植好植物，栽植完成后再加入少量的基质进行固定，然后观察植物的整体布局是否符合设计要求，并对位置和方向进行调整；再次填充基质，并压实固定，形成地形的起伏变化。

5）铺好苔藓，并留出河流的位置，用白色铺面石进行装饰。

6）进行摆件和配饰的配置，以完善作品。

7）整理作品，调整位置和植物材料，完善造型。

8）将场地清理干净，摆放好作品。

### 任务小结

通过学习，同学们掌握了枯木类组合盆栽的设计要点，学会了枯木类组合盆栽的制作步骤，接下来同学们利用枯木制作一款枯木类组合盆栽吧。

### 佳作欣赏

分析图2-37中枯木类组合盆栽作品采用的设计手法、配色方法及植物配植技巧。

图2-37　枯木类组合盆栽系列作品

### 任务练习

设计一件枯木类组合盆栽作品，用于装饰台面，附设计草图、设计说明及作品图片。

## 任务七　环保主题组合盆栽的制作

### 任务目标

1. 掌握环保主题组合盆栽的定义。
2. 学会环保主题组合盆栽的制作步骤，树立节约资源、变废为宝的环保意识。

3. 学会设计并制作环保主题组合盆栽作品。

## 任务描述

将生活中的旧物改造后进行组合盆栽的设计与制作。

## 任务分析

环保不仅是一种美德，如果能够将一些环保的小物件与盆栽做“完美结合”的话，那更是锦上添花，只要能发挥想象力，生活中的旧物都能变成盆栽作品。比如蛋壳是生活中的废弃品，但经过精心设计，就可以制成富有创意的作品，展现生活中的小情趣。

## 任务实施

**制作实例**

**作品名称：**创意鸡蛋壳盆栽（图 2-38）。

**植物材料：**各种多肉植物。

**使用容器：**浅盘、鸡蛋壳及小篮。

**设计说明：**本作品采用鸡蛋壳作为“花盆”，栽培多肉植物，使整个作品有趣而又温馨。整个作品利用多肉植物株形的差异，穿插摆放，既协调又统一。

**制作步骤：**

1）准备蛋壳、浅盘及编制的小篮。

2）准备植物和栽培基质。

3）在蛋壳中填入栽培基质。

4）将多肉植物栽植到蛋壳中，要注意花卉的种类、色彩的搭配。

5）小篮内铺设拉菲草，起固定蛋壳的作用，然后按设计将栽有多肉植物的蛋壳放在拉菲草上。

6）用吹气气球清理多肉植物上面的基质。

7）清理台面、地面，完成作品。

图 2-38 创意鸡蛋壳盆栽

环保主题组合盆栽的制作（创意鸡蛋壳盆栽）

完成制作实例，填表 2-8。

**表 2-8　环保主题组合盆栽制作技能训练评分表**（第______工作组组内成员打分）

| 评价项目 | 具体内容 | 分值 | 得分 |
|---|---|---|---|
| | | | 创意鸡蛋壳盆栽 |
| 设计主题表达与创意 | 设计主题切题，富有创意 | 3 | |
| 植物栽植设计与应用 | 植物配置合理，习性相近 | 2 | |
| 色彩 | 色彩协调 | 2 | |
| 造型与技巧 | 造型优美、新颖 | 2 | |
| 清洁 | 台面、地面干净 | 1 | |

## 知识链接

**1. 树立绿色生态、节约资源、保护环境的意识**

习近平总书记在庆祝改革开放 40 周年大会上指出，我们要加强生态文明建设，牢固树立绿水青山就是金山银山的理念，形成绿色发展方式和生活方式，把我们伟大祖国建设得更加美丽，让人民生活在天更蓝、山更绿、水更清的优美环境之中。在全国生态环境保护大会上，习近平总书记提出了新时代推进生态文明建设必须坚持的六项重要原则：坚持人与自然和谐共生；绿水青山就是金山银山；良好生态环境是最普惠的民生福祉；山水林田湖草是生命共同体；用最严格制度最严密法治保护生态环境；共谋全球生态文明建设。我们要认真学习贯彻习近平生态文明思想，加强党的领导，全面贯彻落实党中央决策部署，推动我国生态文明建设迈上新台阶。

**2. 环保主题组合盆栽的定义**

环保主题组合盆栽是指利用环保材料（如生活中的旧物或废弃品）制成组合盆栽的容器、架构、配件或装饰品，然后与植物组合在一起制成组合盆栽。日常生活中的一些旧物，比如易拉罐、啤酒瓶、一次性餐盒、旧轮胎等都可以改造成花盆。在将旧物改造成花盆时，要在容器底部钻孔，用来排水、透气；为了美观，也可以在容器外刷油漆、绘画等。

**3. 环保主题组合盆栽的制作步骤**

（1）选择旧物

日常生活中可用于栽培植物的旧物有很多，小到鸡蛋壳，大到旧家具，只要能容纳下植物，就可以作为组合盆栽的容器。如果是塑料容器、瓷器、玻璃容器，则需要在容器底部打孔；如果是铁器、木质容器，则可以作为套盆使用。

（2）配制栽培基质

根据植物的习性配制栽培基质，然后用容器盛装栽培基质，用量一般为容器容积的 2/3。

（3）按设计方案依次栽种植物

根据设计方案，按顺序将植物栽种在容器中的指定位置，要做到高低错落、疏密有致、色彩协调。

（4）完善作品

整理作品，调整不合适的地方，可加入配叶等进行进一步的装饰，完善造型。

（5）作品的摆放和场地清理

将基质压实，浇透水，然后用喷壶将每株植物全部喷洗干净，并清理场地，最后将作品摆放好。

## 任务小结

通过学习，同学们掌握了环保主题组合盆栽的定义，学会了环保主题组合盆栽的制作步骤，接下来同学们利用身边的旧物或废弃品，运用所学知识制作一款环保主题组合盆栽吧。

## 佳作欣赏

分析图 2-39 中环保主题组合盆栽作品采用的设计手法、配色方法及植物配植技巧。

图 2-39 环保主题组合盆栽系列作品

## 任务练习

巧用废弃的礼盒设计一款环保主题组合盆栽作品，附设计草图、设计说明及作品图片。

# 任务八 大型室内装饰型组合盆栽的制作

## 任务目标

1. 掌握大型室内装饰型组合盆栽的应用范围。
2. 学会大型室内装饰型组合盆栽的制作步骤。
3. 学会设计和制作大型室内装饰型组合盆栽作品。

## 任务描述

单一植物盆栽在装饰大型室内空间时，多采用列植的布置方法，或采用活动式花坛的布置形式。近年来，随着植物装饰水平的提升，植物与装饰物相结合的大型室内装饰型组合盆栽开始出现在火车站候车室、机场候机大厅、大型商场大厅、酒店大厅等共享空间中，显著提升了建筑物的装饰水平。大型室内装饰型组合盆栽多采用地栽结合盆栽的设计手法。

## 任务分析

先对装饰环境进行分析，设计风格要与装饰环境相协调，为装饰环境营造出自然的氛围，让人们感受到植物的美感，所以大型室内装饰型组合盆栽一般采用自然式配植手法。

## 任务实施

**1. 制作实例 1**

**作品名称：**风动（图 2-40）。

图 2-40　风动

**植物材料：**春羽、吊兰、花烛、菖蒲等。

**使用容器：**自制容器。

**设计说明：**本作品采用自制容器及背景板，突显原创性。采用一株具有高大提根的春羽作为主题植物，该植物造型优美，富有灵动感，提根部分形似人参；陪衬植物吊兰增添了作品的柔美感；花烛作为作品的亮点，以背景板的色彩为衬托，更显明快；散置观景石并点缀菖蒲、吊兰，整个作品显得更自然。

**制作步骤**（图 2-41）：

1）按设计准备植物、背景板、桦木棒、苔藓等，根据植物习性配制栽培基质。

图 2-41 “风动”大型室内装饰型组合盆栽制作系列图

2）按设计固定背景板及桦木棒，完成自制容器及背景板的安装。

3）按设计栽植主题植物春羽，以及点缀植物吊兰，要做到主次分明、富有变化。

4）栽植花烛并点缀菖蒲及观景石。

5）铺设苔藓，要做到地形高低起伏。

6）清理地面，喷水，完成作品。

**2. 制作实例 2**

**作品名称**：幽静（图 2-42）。

**植物材料**：石斛兰、袖珍椰子、白玉合果芋、短叶金边虎皮兰、花叶络石、铁皮石斛等。

**使用容器**：塑料圆形浅盘。

**设计说明**：本作品采用容器组合设计手法，倒置容器上的玉兰图案，符合中式设计风格；以富有中式设计风格的漏窗作为背景板，将枯藤装饰其上，再在枯藤上附加铁皮石斛，起到衔接作用。以两株石斛兰作为主题植物，体现幽静美，草坪上的小和尚摆件及远处的亭子摆件起到深化主题的作用。

大型室内装饰型组合盆栽的制作（幽静）

图 2-42　幽静

**制作步骤：**

1）按设计准备植物、容器、背景板、苔藓等，根据植物习性配制栽培基质。

2）按设计固定背景板及枯藤，固定花盆及树皮于浅盘中，再加入基质进行固定。

3）按设计栽植背景植物袖珍椰子。

4）栽植主题植物石斛兰，陪衬植物白玉合果芋、短叶金边虎皮兰，以及点缀植物花叶络石，要做到主次分明、富有变化。

5）铺设苔藓及铺面石，形成小溪，要做到地形高低起伏；然后点缀小和尚摆件及亭子摆件。

6）清理地面，喷水，完成作品。

**3. 制作实例 3**

**作品名称：**花开富贵（图 2-43）。

图 2-43　花开富贵

**植物材料：**牡丹、七彩千年木、彩色马蹄莲、红枫、网纹草、金菖蒲等。

**使用容器：**黑色方形浅盘。

**设计说明：**本作品采用加框设计手法，三个框架呈韵律排列，以七彩千年木作为框架材料，以牡丹为焦点，一边的枯木与框架互为呼应。整个作品按自然式配植方法栽植陪衬植物和点缀植物，呈现出一副春意盎然、色彩缤纷的画卷，向人们展现花开富贵的美好生活。

**制作步骤：**

1）按设计准备植物、容器、框架、枯木、苔藓等，根据植物习性配制栽培基质。

2）按设计固定三个框架及枯木，要固定稳固。

3）浅盘中加入基质，按设计栽植背景植物七彩千年木。

4）栽植焦点植物牡丹，陪衬植物彩色马蹄莲、红枫、网纹草、金菖蒲等，要做到主次分明、疏密有致。

5）点缀观景石及网纹草等，然后铺设苔藓，铺设时要与种植土密接，并做到地形高低起伏。

6）清理地面，喷水，完成作品。

完成各制作实例，填表 2-9。

**表 2-9 大型室内装饰型组合盆栽制作技能训练评分表**（第______工作组组内成员打分）

| 评价项目 | 具体内容 | 分值 | 得分 | | |
|---|---|---|---|---|---|
| | | | 风动 | 幽静 | 花开富贵 |
| 设计主题表达与创意 | 设计主题与装饰环境相符 | 3 | | | |
| 植物栽植设计与应用 | 植物配置合理，习性相近 | 2 | | | |
| 色彩 | 色彩协调 | 2 | | | |
| 造型与技巧 | 造型均衡、富有变化、比例协调 | 2 | | | |
| 清洁 | 台面、地面干净 | 1 | | | |

## 知识链接

### 1. 大型室内装饰型组合盆栽的应用范围

大型室内装饰型组合盆栽主要应用于大型商场、酒店大堂、公共场所（火车站、机场等）的室内环境装饰，同时也是植物园、花展常见的展示形式。

### 2. 大型室内装饰型组合盆栽的制作步骤

1）材料准备，根据组合盆栽的使用目的和设计，准备容器、基质、植物、架构材料、配饰、工具等。

2）按设计固定架构等非植物材料。

3）按设计栽植主题植物。

4）按设计栽植点缀植物，要做到主次分明、富有变化。

5）铺设苔藓，要做到地形高低起伏；然后点缀观景石、配饰、摆件等。

6）清理地面，喷水，完成作品。

## 任务小结

通过学习，同学们掌握了大型室内装饰型组合盆栽的应用范围，学会了大型室内装饰型组合盆栽的制作步骤，接下来同学们试着制作一款大型室内装饰型组合盆栽吧。

## 佳作欣赏

分析图 2-44 中大型室内装饰型组合盆栽作品采用的设计手法、配色方法及植物配植技巧。

图 2-44　大型室内装饰型组合盆栽系列作品

### 任务练习

设计一款以酒店圣诞节为主题的大型室内装饰型组合盆栽作品，附设计草图、设计说明及作品图片。

## 任务九 室外活动式组合盆栽的制作

### 任务目标

1. 掌握室外活动式组合盆栽的定义。
2. 掌握室外活动式组合盆栽的植物选择、色彩设计。
3. 学会设计和制作室外活动式组合盆栽。

### 任务描述

近年来，伴随着城市环境建设水平的大幅度提高，以及人们审美意识的健康发展，追求可持续发展的生态园林建设、追求视觉美感体验的理念，正在城乡绿化建设中快速发展。室外花卉的布置形式越来越丰富多彩且富有变化，除了常见的花坛、花境、花带等花卉装饰形式，室外活动式组合盆栽开始在一些城市得到广泛的应用，由此带动了花钵、花箱、吊篮、壁篮等容器的不断推陈出新，与色彩缤纷的花卉配置在一起，相映生辉，成为城市绿化的新亮点，其喜人的发展状况受到了业内人士的密切关注。

### 任务分析

室外活动式组合盆栽选材丰富，绝大部分能在露地栽培的花卉均可以作为组合盆栽的材料，一二年生的花卉、宿根花卉、球根花卉、小乔木或灌木都是良好的配植材料；还可使用观赏草；也可根据当地的气候条件适当选择温室花卉，以丰富植物种类，取得更好的装饰效果。

### 任务实施

**制作实例**

**作品名称：**野趣（图 2-45）。

**植物材料：**蛇鞭菊、黑心菊、鸡冠花、随意草、旱金莲、千日红、彩叶草等。

**使用容器：**不锈钢花盆。

**设计说明：**本作品主要表现出自然的野趣，利用竖线条的蛇鞭菊作为主景植物；将一些花朵体形较小的植物呈自然式分布在观赏草周边，作为配景；然后用旱金莲的下垂特性使作品具有层次感。

图 2-45 野趣

**制作步骤**（图 2-46）：

1）按设计准备大型不锈钢花盆、内胆、衬布，以及蛇鞭菊、彩叶草、旱金莲等植物。

2）制作内胆并固定底衬，将内胆放入不锈钢花盆中。

3）在不锈钢花盆中加入基质。

4）将植物按照从中间到四周的顺序依次栽植，要做到主次分明、高低错落、疏密有致。注意将旱金莲栽在盆口并外垂于不锈钢花盆外，以增加层次感。

5）将基质压实，使植物与基质密接。

6）清理地面，浇水，完成作品。

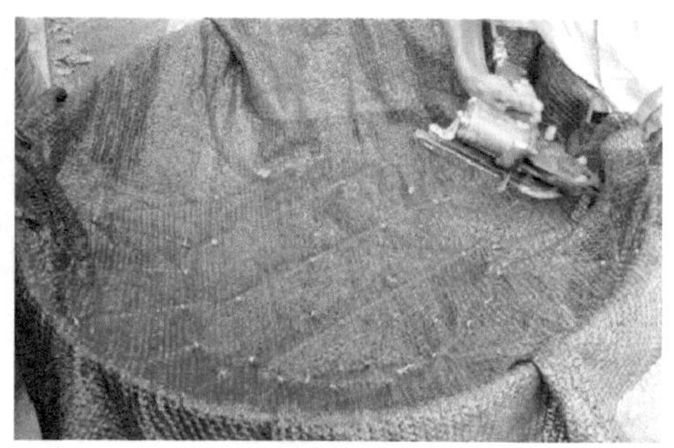

图 2-46 “野趣”室外活动式组合盆栽制作系列图

完成制作实例，填表 2-10。

**表 2-10 室外活动式组合盆栽制作技能训练评分表**（第______工作组组内成员打分）

| 评价项目 | 具体内容 | 分值 | 得分 |
|---|---|---|---|
| | | | 野趣 |
| 设计主题表达与创意 | 设计主题切题，富有创意 | 3 | |
| 植物栽植设计与应用 | 植物配置合理，习性相近 | 2 | |
| 色彩 | 色彩协调 | 2 | |
| 造型与技巧 | 造型优美，富有意境美 | 2 | |
| 清洁 | 台面、地面干净 | 1 | |

## 知识链接

### 1. 室外活动式组合盆栽的应用范围

室外活动式组合盆栽布置灵活、样式新颖、结合木推车、木鞋等富有创意的容器，具有很强的视觉冲击力，备受大众欢迎。室外活动式组合盆栽可设计成移动式花箱、花墙用于装饰公路、商业步行街及广场等空间，也可设计成壁篮来装饰公路两侧的围栏或家庭庭院。

花钵是近年来开始出现在城市街头的一种花卉装饰形式，该形式以其新颖、灵活、富有时代感的美化效果而倍受行人的青睐。花钵的构成材料多为玻璃钢材质，有固定式和移动式两大类，除单层形式外，还有复层形式。花钵的形状有碗形、方形、长方形、圆形等。花钵主要应用在防护绿地、人行道绿地中，将各式的小型花钵和休憩座椅结合起来，使人在小憩之时也能体会到自然的情趣。另外，在分车带绿化中有规律地运用花钵或绿雕，或采用组合式种植槽，能明显提升花卉的装饰效果。

### 2. 室外活动式组合盆栽的定义

室外活动式组合盆栽又称为装配式花坛，它是近年来在新形势下兴起的一种盆栽布置形式，这种盆栽布置形式占地面积小、装饰性强，一般由若干盛花的容器组合而成，需要时，可随时拼装；不需要时，又可随时拆除。

### 3. 容器的选择

室外活动式组合盆栽的容器应根据装饰环境的风格选择，选择的容器要求体积较大、线条简洁流畅，材质多采用拉丝不锈钢、玻璃钢等材料。市场上有成品容器出售，也可根据设计方案特别加工。为了移动和搬运方便，以及节约栽培基质，有些容器会提高底面的位置，把底面设在容器的中上部位，下部中空。如果较高的容器没有这种下部中空的设计，就需要自己制作内胆，内胆的上部要能卡进容器上口，下部悬空。内胆一般由钢筋作为骨架，用遮阳网作为底布，将内胆放入容器后，再填入栽培基质。为了搬运方便，栽培基质一般会选择轻型基质，可选用草炭土、蛭石、珍珠岩等，并施入底肥。

### 4. 植物的选择

配植植物的选择不仅要注重色彩，还要考虑与容器相协调，主景植物通常选择竖线条的观花植物，同时根据摆放时间考虑所选植物的生长期和花期。常用的主景植物有一串红、蛇鞭菊、观赏草、美人蕉等。主景植物一般选择一种，但体量应占容器容积的三分之一以上。辅助植物围绕主景植物种植，起点缀和补充空间的作用。常用的辅助植物有四季秋海棠、非洲凤仙、雏菊、三色堇、彩叶草等。常用的盆边垂吊植物有常春藤、花叶蔓长春等。辅助植物和盆边垂吊植物的数量以组合盆栽整体看起来丰满、栽培基质不裸露为佳。在栽植植物时应从中间开始，先中间再周围。

### 5. 植物之间的相互关系

在栽植植物之前要充分了解植物之间是否相互适应，是否能栽植在一起。植物的异株克生（又称为化感作用）是指一种植物（供体植物）通过对其所处的环境释放的特殊物质而对另一种植物或其自身产生直接或间接的、有利或有害的影响。如将丁香种在铃兰香的旁边，铃兰香会立即萎篱，而且丁香的香味也会危及水仙的生长；将丁香、紫罗兰、郁金香、勿忘草养在一起，彼此都会受害。

将相生的植物栽植在一起，则可互生共存。如将百合和玫瑰种养或瓶插在一起，可延长双方的花期；将山茶花、茶梅、红花油茶等与山茶子放在一起，可明显减少霉病的发生。

### 6. 色彩设计

室外活动式组合盆栽表现的主题是花卉群体的色彩美，因此在色彩设计上要精心选择不同花色的花卉加以巧妙的搭配，一般要求花卉鲜明、艳丽，常用的配色方法有：

（1）对比的应用

这种配色较活泼、明快，深色调花卉的对比效果较强烈，给人兴奋感；浅色调花卉的配合效果较理想，对比效果不那么强烈，柔和而又鲜明。如堇紫色 + 浅黄色（堇紫色三色堇 + 黄色三色堇、藿香蓟 + 黄早菊、荷兰菊 + 黄早菊 + 紫鸡冠 + 黄早菊）、橙色 + 蓝紫色（金盏菊 + 雏菊、金盏菊 + 三色堇）、绿色 + 红色（扫帚草 + 红鸡冠）等。

（2）暖色调的应用

这种配色以类似色调或暖色调的花卉搭配，色彩不鲜明时可加入白色进行调剂，可提高组合盆栽的色彩明亮度。这种配色给人以鲜艳、热烈而又庄重之感，在大型的室外活动式组合盆栽中常用到。如红色 + 黄色或红色 + 白色 + 黄色（黄早菊 + 白早菊 + 一串红或一品红、金盏菊或黄色三色堇 + 白雏菊或白色三色堇 + 红色美女樱）。

### 7. 色彩设计中的注意事项

1）室外活动式组合盆栽的配色不宜太多，一般规格的选 2~3 种颜色即可，大型的选 4~5 种颜色就足够了。这是因为配色太多的话，难以表现群体的花色效果，会显得杂乱。

2）在色彩搭配上应注意颜色对人的视觉及心理的影响。如暖色调给人在面积上有扩张感，而冷色调则给人收缩感，因此在进行色彩设计时，各种色彩的形状、面积都要有所考虑。例如，为了达到视觉上的大小相等，冷色调的比例要相对大一些，这样才能达到设计效果。

3）色彩要与它的作用相结合。例如装饰性室外活动式组合盆栽、节日室外活动式组合盆栽要与所处环境区别开，色彩要醒目；而起陪衬作用和基础作用的室外活动式组合盆栽应与所处的环境主体相配合，起到烘托主体的作用，不可过分艳丽，以免喧宾夺主。

4）花卉的色彩设计需要在实践中不断观察、摸索，以寻求最优的设计效果。例如同为红色的花卉，如天竺葵、一串红、一品红等，在明度上有差别，分别与黄早菊配用，效果各不同，一品红的红色较稳重，一串红的红色较鲜明，而天竺葵的红色则较艳丽。其中，后两种花卉直接与黄早菊配合，明快的效果很明显；而一品红与黄早菊的组合，只有加入了白色的花卉后才会有较好的效果。

## 任务小结

通过学习，同学们掌握了室外活动式组合盆栽的定义，学会了室外活动式组合盆栽的制作方法，接下来同学们可以试着制作一款室外活动式组合盆栽。

## 佳作欣赏

分析图 2-47 中室外活动式组合盆栽作品采用的设计手法、配色方法及植物配植技巧。

## 任务练习

设计并制作一款布置在庭院中的春季室外活动式组合盆栽作品，附设计草图、设计说明及作品图片。

图 2-47 室外活动式组合盆栽系列作品

# 任务十 水景类组合盆栽的制作

## 任务目标

1. 掌握水景类组合盆栽对植物的要求。
2. 学会水景类组合盆栽的制作步骤。
3. 学会设计并制作水景类组合盆栽作品。

## 任务描述

“浮香绕曲岸，圆影覆华池”“波明荇叶颤，风熟萍花香”——诗作中所描述的水生植物景像给人一种清新、舒畅之感。庭院里如果有一处水景，既可以增加庭院的自然风情，又能带来清凉的感觉；室内空间如果有水景装饰，不仅会增添自然情趣，还会增加室内的空气湿度。近年来出现的以水陆造景、缸景及水草缸造景为代表的水景类组合盆栽，极大地丰富了水景在室内空间植物装饰中的应用形式。

## 任务分析

植物的文化知识与人文气节相结合，可使组合盆栽作品的意境得到显著提升。荷花的“出淤泥而不染”，体现了为人正直清廉的道德品质；梅花的“梅花香自苦寒来”，体现了为人意志坚强、不松懈的思想品质，象征着中国人的民族气节，这些都是同学们在创作组合盆栽作品时需要思考的内容。

常用的适合制作水景类组合盆栽的植物有：碗莲、迷你睡莲、水葱、小香蒲、泽泻、荇菜、凤眼莲、大漂（水浮莲）等。在设计水景类组合盆栽时，既要考虑作品的整体风格、所选植物的生物学特性，又要考虑各种水生植物在高度、色彩、习性等方面的区别与统一。

## 任务实施

**1. 制作实例 1**

**作品名称：**和风送爽（图 2-48）。

**植物材料：**碗莲、风车草、泽泻等。

**使用容器：**荷花缸。

**设计说明：**本作品采用碗莲与风车草、泽泻搭配，模仿荷塘的自然群落，在夏季给人以微风习习、自然凉爽的感觉。作品可摆放在阳台上或庭院中观赏，也可用来馈赠亲友。

图 2-48　和风送爽

**制作步骤：**

1）准备好植物。

2）准备好荷花缸、塘泥，将塘泥装入缸中。

3）根据设计的需要，在荷花缸的后 1/3 处栽入风车草，待风车草长大后再确定作品的高度；在风车草前栽入泽泻，起到连接和填充的作用；在泽泻前方栽入碗莲，作为作品的焦点和主体。

4）在缸中加水，水面高出塘泥顶面约 10 厘米，经过一段时间的养护，碗莲、泽泻慢慢生长、开花。

**2. 制作实例 2**

**作品名称：**缸中小景（图 2-49）。

**植物材料：**狼尾蕨、九里香、金边六月雪、苔藓（水苔）等。

**使用容器：**造型景缸。

**设计说明：**本作品采用造型景缸作为容器，在缸上打开一个小空间，营造出梦幻般的小景观；在雾化器的作用下，整个作品显得梦幻而又虚幻。

**制作步骤**（图 2-50）：

1）将缸体用冲击钻按设计开缸，然后将过滤棉固定在缸底。

2）过滤棉周边加入轻石作为排水层，然后加入水苔，压实后加入赤玉土。

3）将松皮石固定好，注意要按设计呈现出山形及水道，并与雾化器固定好。

4）按设计在石间栽植狼尾蕨、九里香、金边六月雪。

5）再次铺设水苔，并浇透水。

6）点缀摆件，往缸底注水，以保证雾化器正常工作，完成作品。

图 2-49　缸中小景

**3. 制作实例 3**

**作品名称**：水陆缸造景（图 2-51）。

**植物材料**：文竹、网纹草、狼尾蕨、苔藓（水苔）等。

**使用容器**：长方形鱼缸。

**设计说明**：本作品采用长方形鱼缸作为容器，采用水陆造景手法，山上美景与水底美景互为衬托，显得自然协调。

**制作步骤**：

1）将观景石按布局配置好，填入轻石及脱脂棉作为隔离层。

2）加入配置好的栽培基质，按设计栽植背景植物文竹。

图 2-50　“缸中小景”水景类组合盆栽制作系列图

图 2-51　水陆缸造景

3）栽植陪衬植物狼尾蕨、点缀植物网纹草，然后铺设水苔（要按压牢固）。

4）铺设装饰砂，并点缀卵石。

5）缓慢注水，注意不要超过隔离层高度。

6）放入观赏鱼，完成作品。

完成制作实例，填表 2-11。

**表 2-11　水景类组合盆栽制作技能训练评分表**（第______工作组组内成员打分）

| 评价项目 | 具体内容 | 分值 | 得分 | | |
|---|---|---|---|---|---|
| | | | 和风送爽 | 缸中小景 | 水陆缸造景 |
| 设计主题表达与创意 | 设计主题切题，富有创意 | 3 | | | |
| 植物栽植设计与应用 | 植物配置合理，习性相近 | 2 | | | |
| 色彩 | 色彩协调 | 2 | | | |
| 造型与技巧 | 造型优美，富有意境美 | 2 | | | |
| 清洁 | 台面、地面干净 | 1 | | | |

## 知识链接

### 1. 水景类组合盆栽对植物的要求

在设计水景类组合盆栽前，先要了解不同水生植物的适宜水深，以及生长旺盛期时的株高、颜色等，还要注意植物之间高低、疏密、叶形、颜色的对比。另外，有很多水生植物不适合在生长期栽植，如荷花最好在休眠期栽植。水景类组合盆栽为了达到清凉、灵动的效果，植物不要生长得过满，要有留白，要控制好栽植植物的数量。

### 2. 水景类组合盆栽的制作步骤

1）选择容器。要根据设计方案的需要选择适宜的容器，制作水景类组合盆栽应选择底部没有排水孔的水生植物专用容器，也可以采用木盆、木箱、石头水槽等。如果所选的容器有孔洞或发生漏水，则需要先做防水处理。

2）配制并装填栽培基质、加水。栽培水生植物的基质最好选择塘泥，不同水生植物对水深的要求不同，如果容器过深，可在容器底部铺几层红砖或石头。有些水生植物，如荷花、芦竹、伞莎草等，具有很强的侵占性，应在栽植前用砖或水泥做好分区，也可以带营养钵栽植。栽植前，先将基质装入容器，再加水搅拌均匀，沉淀后开始下一步的栽植植物操作。

3）按设计方案依次栽植植物。

4）加水到合适的水深。

5）整理、清理，完成作品。

**3. 水景类组合盆栽的养护要点**

水景类组合盆栽在栽植完植物后，先在容器内加水，水不用加太多，保持土壤湿润即可；随着水生植物的生长，可逐渐增加水的深度，直到达到设计要求时为止。

水生植物在生长期需要较多的养分，每 15 天左右需要施肥一次，施肥时将有机肥或缓释肥埋入土中即可。在生长期根据造型的需要可对水生植物进行修剪，但需注意的是，有气孔的水生植物，如荷花等，在修剪叶片或残花时，剪口要高于水面，避免水从气孔进入茎或根系后导致腐烂。对于在冬季休眠的水生植物，如荷花、睡莲等，在冬季一般将容器内的水倒出，然后连同容器一起放在环境温度 0℃以上的室内，保持土壤湿润，到第二年春天即可度过休眠期。

大多数的水生植物喜欢阳光充足的环境，所以水景类组合盆栽一般适合摆放在阳台或庭院等阳光充足的地方。

**4. 水景类组合盆栽的构图**

在进行水景类组合盆栽的构图时，为了表现出作品的主题思想和美感效果，在一定的空间里要处理好木、石、草、鱼等的关系和位置，把个别或局部的形象组成一个艺术整体。水景类组合盆栽要与周围环境相协调，既构成环境的一部分，又与环境中的其他构成成分互相陪衬、烘托和渲染。水景类组合盆栽的主要构成要素——形、光、色，并不是凭空想象的，它们是源于自然的。

## 任务小结

通过学习，同学们掌握了水景类组合盆栽对植物的要求，学会了水景类组合盆栽的制作步骤和养护要点，接下来同学们试着制作一款水景类组合盆栽吧。

## 佳作欣赏

分析图 2-52 中水景类组合盆栽作品采用的设计手法、配色方法及植物配植技巧。

图 2-52　水景类组合盆栽系列作品

图 2-52　水景类组合盆栽系列作品（续）

## 任务练习

请设计一款摆放在家居客厅中的大型水景类组合盆栽作品，附设计草图、设计说明及作品图片。

# 模块三
# 鉴 赏 篇

随着组合盆栽行业的不断发展，每逢节假日，在花卉市场上会有很多的组合盆栽商品出现在展台上，显得与众不同，成为盆花消费的亮点，特别受消费者的欢迎。2018 年 9 月，由中国花卉协会盆栽植物分会主办的首届“中国杯”组合盆栽大赛的成功举办，极大地推动了组合盆栽行业的健康发展，之后各种水平的组合盆栽大赛不断涌现，这对广大的组合盆栽爱好者来讲是一个开阔眼界、深入学习的机会，所以无论是直接参赛或作为观众欣赏比赛作品，掌握一些组合盆栽比赛的基本知识（特别是鉴赏知识）是非常必要的。而对于广大的消费者而言，掌握一些基本的鉴赏知识，有助于挑选到心仪的组合盆栽。

# 任务一　商业组合盆栽作品鉴赏

## 任务目标

掌握鉴赏商业组合盆栽作品的要点。

## 任务描述

同学们在花卉市场上参观由行业专家及部分商家制作的组合盆栽作品，并拍摄照片；然后以小组为单位，对每件作品进行鉴赏，主要根据设计风格与创作手法、植物栽植设计、色彩造型与技巧、消费适宜度等要点进行鉴赏；最后以表格形式完成本次的学习任务。

## 任务分析

每逢节假日都是花卉市场的销售旺季，在制作组合盆栽时既要考虑节假日的特点，多用色彩艳丽的观花植物，如蝴蝶兰、大花蕙兰、凤梨等，还要注意艺术性的表现，体现作品更深层次的意境美，以满足不同消费人群的个性化需求。

## 任务实施

分析图 3-1 所示图片的设计风格与创作手法、植物栽植设计、色彩、造型与技巧、消费适宜度等，填表 3-1。

a)

b)

图 3-1　商业组合盆栽系列作品

a）作品甲　b）作品乙

c)

d)

图 3-1 商业组合盆栽系列作品（续）
c）作品丙 d）作品丁

**表 3-1 商业组合盆栽作品鉴赏技能训练评分表**（第______工作组组内成员打分）

| 鉴赏要点 | 具体内容 | 分值 | 得分 | | | |
|---|---|---|---|---|---|---|
| | | | 作品甲 | 作品乙 | 作品丙 | 作品丁 |
| 设计风格与创作手法 | 设计风格的特点，技巧的运用 | 3 | | | | |
| 植物栽植设计 | 植物配置合理，习性相近 | 2 | | | | |
| 色彩 | 色彩协调 | 2 | | | | |
| 造型与技巧 | 作品比例协调，造型优美 | 2 | | | | |
| 消费适宜度 | 符合消费群体的需求 | 1 | | | | |

# 任务二 组合盆栽比赛获奖作品鉴赏

## 任务目标

掌握鉴赏组合盆栽比赛获奖作品的要点。

学会分析组合盆栽比赛获奖作品在植物选择、配色及创意设计方面的特点，树立正确的审美观。

## 任务描述

为了促进组合盆栽行业的健康发展，全国各地每年都会举办不同级别的组合盆栽大赛，一方面为行业的健康发展起到引领作用；另一方面也为大众普及组合盆栽的相关知识和技术，扩大组合盆栽的应用范围。通过举办这些比赛，显著提升了参赛选手的竞赛水平，同时也起到了扩大组合盆栽应用范围的作用。同学们可以搜集一些组合盆栽比赛获奖作品的照片，然后根据主题表达与创意、植物栽植设计与应用、色彩、造型与技巧、清洁等要点进行鉴赏。

## 任务分析

要想鉴赏组合盆栽比赛获奖作品，先要掌握鉴赏要点，只有这样才能正确鉴赏作品，学习获奖作品的制作技巧，取长补短，从而快速提升自己的创作水平。

## 任务实施

按表 3-2 给出的鉴赏要点，对图 3-2 所示的首届“中国杯”组合盆栽大赛天津选拔赛获奖作品进行鉴赏，并填表 3-2。

图 3-2　首届“中国杯”组合盆栽大赛天津选拔赛获奖作品

**表 3-2　组合盆栽比赛获奖作品鉴赏技能训练评分表**（第______工作组组内成员打分）

| 鉴赏要点 | 具体内容 | 分值 | 得分 |
|---|---|---|---|
| 设计主题表达与创意 | 设计主题切题，富有创意 | 3 | |
| 植物栽植设计与应用 | 植物配置合理，习性相近 | 2 | |
| 色彩 | 色彩协调 | 2 | |
| 造型与技巧 | 造型优美，富有意境美 | 2 | |
| 清洁 | 台面、地面干净 | 1 | |

# 参 考 文 献

[1] 慢生活工坊 . 苔藓微景观魔法书 [M] . 北京：电子工业出版社，2016.
[2] 松田一良 . 最美的组合盆栽 [M] . 陈宗楠，译 . 福州：福建科学技术出版社，2015.
[3] 胡惠蓉 . 养花实用宝典 [M] . 北京：化学工业出版社，2011.
[4] 刘仓印，吴孟宇 . 疯多肉！跟着多肉玩家学组盆 [M] . 福州：福建科学技术出版社，2016.
[5] 张滋佳 . 花图鉴：花卉组合盆栽全书 [M] . 北京：机械工业出版社，2020.